普通高等院校计算机类规划教材

信息技术基础

主　编　周方

 吉林大学出版社

·长春·

图书在版编目（CIP）数据

信息技术基础/周方主编 . —长春：吉林大学出版社，2021.6

ISBN 978-7-5692-8451-5

Ⅰ.①信…　Ⅱ.①周…Ⅲ.①电子计算机－高等学校－教材　Ⅳ.①TP3

中国版本图书馆 CIP 数据核字（2021）第 119491 号

书名　信息技术基础
XINXI JISHU JICHU

作　　者　周　方　主编
策划编辑　李伟华
责任编辑　李伟华
责任校对　甄志忠
装帧设计　天利排版
出版发行　吉林大学出版社
社　　址　长春市人民大街 4059 号
邮政编码　130021
发行电话　0431-89580028/29/21
网　　址　http：//www.jlup.com.cn
电子邮箱　jdcbs@jlu.edu.cn
印　　刷　廊坊市鸿煊印刷有限公司
开　　本　787 mm×1092 mm　1/16
印　　张　16.75
字　　数　425 千字
版　　次　2022 年 5 月第 1 版
印　　次　2022 年 5 月第 1 次
书　　号　ISBN 978-7-5692-8451-5
定　　价　56.90 元

前　言

　　"信息技术基础"作为普通高等学校非计算机专业学生的一门必修课程，以培养学生计算机技能、信息化素养、计算思维能力为目标，是后续课程学习的基础。随着计算机技术、网络技术的快速发展，本课程教学改革面临着前所未有的机遇和挑战。尽管中小学开设了信息技术课程，但来自不同地区的学生的计算机技能水平仍存在很大差异，而且高等学校学科种类很多，多学科对计算机应用能力的要求也不尽相同。基于这样的现状，对大学计算机基础课程实施分类教学势在必行，这有利于实现"信息技术基础"课程的因材施教，激发学生的学习兴趣，体现教学的时效性和针对性，有效解决当前"信息技术基础"课程教学改革面临的瓶颈问题。

　　本书为了适应信息社会的高速发展，满足高校对人才培养的基本要求，本书以 Windows 7＋Office 2010 为主要平台进行编写。

　　信息技术基础是非计算机专业高等教育的公共必修课程，是学习其他计算机相关技术课程的基础和前提。本书编写的宗旨是使读者较全面、系统地掌握计算机应用的基础知识，具备一定的计算机实践操作能力，能够利用所学的计算机知识解决实际问题。

　　参加本书编写的作者都是多年从事一线教学的教师，具有丰富的教学经验。本书在编写时注重原理与实践紧密结合，注重实用性和可操作性；案例的选取上注意从学生日常学习和未来工作的需要出发；文字叙述上深入浅出，通俗易懂。

　　由于作者水平有限，编写时间仓促，书中难免有不足之处，请读者不吝赐教。

目 录

第一章 计算机基础知识 ……………………………………………… (1)

    第一节 计算机的发展与特点 …………………………………… (1)

    第二节 计算机的应用 …………………………………………… (6)

    第三节 计算机的组成及工作原理 ……………………………… (8)

    第四节 计算机数据的存储 ……………………………………… (11)

    第五节 多媒体技术 ……………………………………………… (21)

    第六节 计算机病毒 ……………………………………………… (27)

第二章 Windows 7 操作系统 ……………………………………… (35)

    第一节 Windows 7 基本操作 ………………………………… (35)

    第二节 文件管理 ………………………………………………… (51)

    第三节 管理计算机 ……………………………………………… (62)

    第四节 网络配置与检测 ………………………………………… (77)

第三章 Word 2010 …………………………………………………… (83)

    第一节 认识 Word 2010 界面 ………………………………… (83)

    第二节 文档的基本操作 ………………………………………… (85)

    第三节 文本的编辑操作 ………………………………………… (87)

    第四节 文档的基本编排 ………………………………………… (95)

    第五节 图文混排技术 …………………………………………… (107)

    第六节 创建与编辑表格 ………………………………………… (119)

    第七节 文档的高级排版 ………………………………………… (128)

    第八节 设置页面与打印 ………………………………………… (138)

第四章 Excel 2010 电子表格 ……………………………………… (146)

    第一节 Excel 2010 工作环境 ………………………………… (146)

    第二节 工作簿和工作表基本操作 ……………………………… (147)

    第三节 数据输入 ………………………………………………… (154)

    第四节 单元格编辑与格式设置 ………………………………… (158)

    第五节 公式 ……………………………………………………… (167)

第六节　图表 ……………………………………………………… (179)

第七节　数据管理与分析 ………………………………………… (186)

第八节　打印 ……………………………………………………… (194)

第五章　PowerPoint 2010 ………………………………………… (199)

第一节　PowerPoint 2010 概述 ………………………………… (199)

第二节　编辑幻灯片 ……………………………………………… (203)

第三节　幻灯片外观 ……………………………………………… (210)

第四节　为幻灯片添加效果 ……………………………………… (214)

第五节　幻灯片放映 ……………………………………………… (221)

第六章　计算机网络 ……………………………………………… (226)

第一节　计算机网络的发展与含义 ……………………………… (226)

第二节　网络体系结构和拓扑结构 ……………………………… (232)

第三节　常见的参考模型 ………………………………………… (237)

第四节　IP 地址 …………………………………………………… (245)

第五节　网络安全 ………………………………………………… (248)

第六节　计算机网络的应用 ……………………………………… (250)

第七节　实验分析 ………………………………………………… (251)

参考文献 ……………………………………………………………… (261)

第一章　计算机基础知识

在信息高速发展的社会中，计算机使人们足不出户就可以了解国内外的新闻趣事。打开计算机，我们不但可以办公打字，收发电子邮件，统计数据等，而且可以玩游戏，看DVD电影，视频会话等，由此可见计算机改变了我们的工作方式和生活方式。现在计算机已经遍及学校、企事业单位，进入每家每户，成为信息社会不可或缺的一部分。计算机的发展和应用水平对人类的生产活动和社会活动产生了重要的影响，对于每一个学生、科技人员、教育者和管理者来说，掌握和应用计算机知识十分重要。

第一节　计算机的发展与特点

一、计算机的发展

在 2000 多年前的春秋战国时期，古代人发明的算筹被认为是世界上最早的计算工具。在大约 800 多年前的北宋时期，我们祖先创造发明了一种非常简便的计算工具——算盘。算盘因其灵便、准确、快速等优点，几千年来一直作为中国古代劳动人民普遍使用的计算工具，即使是现代最先进的电子计算器也不能完全取代算盘的作用。算盘被认为是最早的数字计算机，而珠算口诀则是最早的体系化算法。算盘的发明与中国古代四大发明相提并论，如图 1-1 所示。

图 1-1　最早的计算工具——算盘

英国的 Edmund Gunter 用有对数刻度的尺子与常规直尺配合使用，来计算乘除法。之后，甘特在此基础上发明了计算尺。1642 年，法国数学家、物理学家和思想家帕斯卡利用齿轮的工作原理，发明了加法机如图 1-2 所示，当拨动代表"加数"数字的齿轮时，代表"和"的齿轮也会跟着转动，进位的原理和钟表的原理类似。它的工作原理对后来的计算机械产生了一定的影响，因此加法机被认为是人类历史上第一台机械式计算机。

图 1-2　加法机

1673 年，德国数学家莱布尼兹发明的乘法机被认为是第一台可以运行完整四则运算的计算机。莱布尼兹认为，最早使用二进制计数法是中国的八卦。据说，莱布尼兹曾把自己的乘法机复制品送给康熙皇帝，得到了康熙皇帝的称赞。

八卦中的两个短横线表示"阴爻"，一根长横线表示"阳爻"，是最早的二进制形式如图 1-3 所示。

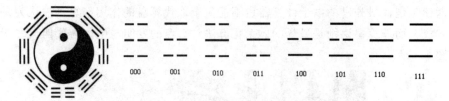

图 1-3　八卦与二进制

1822 年，英国数学家巴贝奇发明的差分机如图 1-4 所示，最早采用寄存器来存储数据，可用于航海和天文计算。这台机器历经十年才得以制作完成，可以处理 3 个 5 位数，计算精度达到 6 位小数。

巴贝奇差分机具有三个重要特征：具有保存数据的寄存器；从寄存器取出数据进行运算后，乘法以累次加法来实现乘法的运算；具有控制操作顺序、选择所需处理的数据以及输出结果的装置。

图 1-4　差分机

1888 年，美国人赫尔曼·霍勒斯发明了制表机，见图 1-5，解决了美国人口普查所需人工时间过长的难题。制表机采用电气控制技术，以穿孔卡片记录数据。

图 1-5　制表机

世界上第一台现代电子计算机埃尼阿克（ENIAC），英文全称为 Electronic Numerical Integrator And Computer，译为电子数字积分计算机（见图 1-6）。电子数字积分计算机诞生于 1946 年 2 月 14 日的美国宾夕法尼亚大学，长 30.48m，宽 6m，高 2.4m，占地面积约 170m²，有 30 个操作台，重达 30.48t，造价 48 万美元。它包含了 17 468 根电子管，7 200 根晶体二极管，1 500 个中转，70 000 个电阻器，10 000 个电容器，1 500 个继电器，6 000 多个开关。虽然这台机器很不完善，比如，它的功率超过 174kW；平均每隔 7min 要烧坏一只电子管。除此之外，由于存储容器太小，必须通过开关和插线来安装计算程序，因此它尚不完全具备内部存储程序功能。尽管如此，电子数字积分计算机的运算速度可达到每秒 5 000 次加法，乘法速度为每秒 56 次计算，可以在 3ms 内完成两个 10 位数乘法计算，20s 就能完成一条炮弹的轨迹计算，其速度比炮弹本身的飞行速度还要快。电子数字积分计算机的运算速度是使用继电器运转的机电式计算机运算速度的 1 000 倍、手工计算速度的 20 万倍。世界上第一台通用数字电子计算机 ENIAC 的问世，宣告了人类从此进入电子计算机的时代。

图 1-6　电子数字积分计算机

自第一台电子计算机出现，电子器件技术不断进步，计算机得到了迅速发展。最初使用的是真空电子管，该时期的计算机体型庞大，维护复杂，经常出现故障，导致程序一旦出现问题，就猜想可能有虫子（bug）出现在某个电子管中。现在寻找程序的 bug，就叫 debug，意思是找虫子。20 世纪 60 年代出现了晶体管，电子器件的体积逐渐缩小，后来发展到中小规模集成电路和超大规模集成电路，电子器件的发展使得计算机历经几次更新换代，计算机的体积逐渐减小和耗电量逐渐降低，功能逐渐强大，目前计算机的使用已经普及到每家每户。一般可将计算机的发展过程分成以下几个阶段：

（1）第一代计算机：电子管数字计算机（1946—1958 年）。硬件方面，逻辑元件采用电子管，主存储器采用汞延迟线、磁鼓、磁芯；软件采用机器语言、汇编语言；主要应用于军事和科学计算；特点是体积大、功耗高、可靠性差、速度慢、价格较贵。

（2）第二代计算机：晶体管数字计算机（1958—1964 年）。硬件方面，逻辑元件采用晶体管，主存储器采用磁芯，外存储器采用磁盘。软件方面出现了以批处理为主的操作系统、高级语言及其编译程序。应用领域以科学计算和事务处理为主，并开始进入工业控制领域。特点是体积缩小、能耗降低、可靠性提高、运算速度一般为每秒数十万次，可高达 300 万次。

（3）第三代计算机：中、小规模集成电路数字计算机（1964—1970 年）。硬件方面，逻辑元件采用中、小规模集成电路，主存储器仍采用磁芯。软件方面出现了分时操作系统以及结构化、规模化程序设计方法。特点是速度为每秒数百万至数千万次，可靠性更好，价格进一步下降，产品走向通用化、系列化和标准化。第三代计算机主要应用于文字处理

和图形图像处理等领域。

（4）第四代计算机：大规模集成电路计算机（1970年至今）。

硬件方面，逻辑元件采用大规模和超大规模集成电路，软件方面出现了数据库管理系统、网络管理系统和面向对象语言等。自1971年世界上第一台微处理器在美国硅谷诞生之后，世界开始进入微型计算机的新时代。第四代计算机从科学计算、事务管理、过程控制等领域逐步走向家庭领域。

2018年11月，全球超级计算机500强榜单中，美国超级计算机"顶点"（Summit）蝉联冠军，其浮点运算速度从半年前的每秒12.23亿亿次增加到每秒14.35亿亿次。亚军是由美国劳伦斯利弗莫尔国家实验室开发的"山脊"（Sierra）。中国超算上榜总数达到227台，保持第一。中国超算"神威·太湖之光"和"天河二号"进入了榜单前10名，其中"神威·太湖之光"位列第三，它的浮点运算速度为每秒9.3亿亿次。

二、计算机的特点

计算机之所以改变了我们的生活方式与学习方式，与其特点是密不可分的，具体特点如下：

1. 运算速度快及计算精度高

在科学的研究和工程设计中，对计算的结果精确度有较高的要求。一般的计算工具只能达到几位有放数字，而计算机对数据处理结果精确度可达到十几位或几十位有效数字，根据需要甚至可达到任意的精度。由于计算机采用二进制表示数据，因此其精确度主要取决于计算机的字长，字长越长，有效位数越多，精确度也越高。

2. 自动化程度高及处理能力强

计算机把处理信息的过程表示为由许多指令按一定次序组成的程序。计算机具备预先存储程序并按存储的程序自动执行而不需要人工干预的能力，因而其自动化程度较高。计算机的出现，使得很多作业可以由计算机代替人工去完成，如无人驾驶、无人售货机、自动售票机等。其中自动售票系统由微电脑控制，功能强大，设置灵活，稳定性高；具有二维条码打印/激活、感应卡识别、打印票据、银行卡识别、密码键盘等设备，触摸屏液晶界面可以显示窗口名称及公告等内容，打印的内容可灵活编辑修改，报表实时统计，可生成各种统计报表。

3. 存储容量大的记忆功能

中国的"天河二号"超级计算机运算1h，相当于13亿人同时用计算器计算1000年，其存储总容量可达到存储每册10万字的图书600亿册的存储大小。计算机的存储器具有存储、记忆大量信息的功能，这使计算机有了像人类一样"记忆"的能力。目前计算机的存储量已高达千兆乃至更高数量级的容量，并仍在提高。

4. 逻辑判断功能

可靠的逻辑判断能力是计算机能实现信息处理自动化的重要因素。例如：计算机可以进行简单的逻辑判断：判断一个数与另一个数的大小关系。计算机在运算时可以根据上一步的结果，自动选择下一步计算的方法。计算机的逻辑判断功能主要应用在资料分类、情报检索、逻辑推理等方面。计算机不但能进行逻辑判断，而且能对数值数据与非数值数据进行处理计算，计算机在非数值数据处理领域的应用有信息检索、图形识别以及各种多媒体应用等。

【例 1-1】 下列不属于计算机特点的是（　　　　）。

A. 速度快，精度高

B. 自动化程度高

C. 能够进行逻辑判断

D. 具有人一样的思维，可以代替人类

这里考查的是计算机的特点，计算机具有以下特点：运算速度快，计算精度高；自动化程度高，处理能力强，具有较大存储容量的记忆功能；具有逻辑判断功能等。计算机强大的功能都是由人类发明创造的，是仿人类的计算机，但并不能代替人类。因此答案为 D。

第二节　计算机的应用

随着计算机网络的迅速发展，计算机不断普及，信息资源日益丰富，使得计算机的应用渗透到社会的各个领域，逐渐改变着我们的工作方式与生活方式，可将其应用归纳为六个方面。

一、科学计算

科学计算又称数值计算，是指使用计算机处理科学研究和工程技术中所遇到的数学计算。在现代科学和工程技术中，经常会遇到大量复杂的数学计算问题，这些问题一般难以用计算工具来解决，而用计算机来处理却非常容易，如工程设计、地震预报、火箭发射等问题。

科学计算主要包括数学模型的建立、求解的计算方法的建立和计算机实现三个阶段。虽然计算机的科学计算能够承担庞大而复杂的计算量，但能力仍然有限，例如在天气数值预报方面只能进行中、短期预报。要进行长期的天气数值预报都必须配备更强大的计算机。许多基础学科和工程技术部门已提出一些现有计算能力较难完成的大型科学计算问题。这需要我们不仅要不断创造出更高效的计算方法，而且也需要大大提高计算机的运算速度。

二、数据处理

数据处理又称信息处理，是指对各种数据进行收集、存储、整理、分类、统计、加工、利用、传播等一系列活动的统称。据统计，80%以上的计算机主要用于数据处理，因而数据处理成为计算机应用的主导方向。目前，数据处理已广泛应用于企业中事业管理与决策、经济管理、情报检索、办公自动化、排版印刷、娱乐、游戏等方面。

数据处理贯穿于社会生产和社会生活的各个领域，是系统工程和自动控制的基本环节。数据处理离不开软件的支持，数据处理软件包括：用于书写处理程序的各种程序设计语言及其编译程序，管理数据的文件系统和数据库系统，以及各种数据处理方法的应用软件包。为了保证数据安全可靠，还有一整套数据安全保密的技术。

三、过程控制

过程控制是利用计算机及时采集检测数据，按最优值迅速地对控制对象进行自动调节或自动控制。采用计算机进行过程控制，不仅可以大大提高控制的自动化水平，而且可以提高控制的及时性和准确性，从而改善劳动条件、提高产品质量及合格率。计算机过程控制已广泛地应用于机械、冶金、石油、纺织、水电、航天等各个方面。

例如，在汽车工业方面，利用计算机控制机床、整个装配流水线，不仅可以实现高精度的要求、形状复杂零件的加工自动化，而且可以使整个车间或工厂实现全自动化，节省人力资源，提高工作效率。

四、计算机辅助技术

计算机辅助技术是指采用计算机作为辅助工具，帮助人们在产品的设计、制造和测试等特定应用领域内完成任务的一系列理论、方法和技术。它包括了诸如计算机辅助设计（简称CAD）、计算机辅助制造（简称CAM）、计算机辅助教学（简称CAI）等各个领域。计算机辅助技术强调了人的主导作用，使得计算机和使用者构成了一个密切交互的人机系统。

计算机辅助技术在计算机的应用领域不断扩大。CAD和CAM广泛应用在飞机、汽车和船舶等大型制造业。同时，它的技术和方法也被推广到新的计算机辅助领域，例如计算机辅助工艺规划（简称CAPP）、计算机辅助测试（简称CAT）、计算机辅助教学（简称CAI）、计算机辅助质量控制（简称CAQ），以及应用计算机对制造型企业中的生产和经营活动的全过程进行总体优化组合的计算机集成制造系统（简称CIMS）。

五、人工智能

人工智能这一学科在1956年被正式提出，是指计算机模拟人类的智能活动，诸如感知、判断、理解、学习、问题求解和图像识别等。例如，具有一定思维能力的智能机器人能模拟高水平医学专家进行疾病诊疗的专家系统。IBM公司"深蓝"电脑击败了人类的世界国际象棋冠军，促进了人工智能技术的发展，目前人工智能已经成为一门广泛交叉和前沿的科学。

六、网络应用

网络的出现为人们提供了较大的便利。计算机网络是指利用通信设备和线路将不同的地理位置、多个独立功能的计算机系统互连起来，以功能完善的网络软件实现网络资源共享和信息传递的系统。

计算机网络是一把双刃剑，人们可以利用网络进行机票或火车票的购买、网购、交通导航、收发电子邮件等活动，计算机网络给人们带来了很大的便利。由于网络是开放系统，具有很多不安全因素，如何保证网络安全和每个人的生活密切相关。在网络安全的各种技术中，计算机密码技术是主要的技术之一。

第三节　计算机的组成及工作原理

一、计算机的逻辑结构

一台完整的计算机系统的逻辑结构由硬件系统和软件系统两部分组成。

硬件系统是各种实体物理设备，是计算机的物质基础。软件系统是为计算机运行、管理和维护而编写的程序以及文档，使得计算机能够充分发挥其功能和效率。硬件系统和软件系统在计算机系统中是密不可分的。

1. 硬件系统

计算机的硬件系统由以下几部分组成：

1）中央处理器

中央处理器（CPU，central processing unit）是一块超大规模的集成电路，是计算机的运算和控制核心。中央处理器除了包括运算器和控制器两大部件之外，还包括若干个寄存器、高速缓冲存储器及实现它们之间数据的状态、联系及控制的总线。

（1）运算器负责对数据进行算术运算和逻辑运算（与、或、非），并对数据进行加工与处理。

①算术运算包括：加法、减法、乘法、整除、求余，分别用符号"＋""－""＊""/""％"表示。

②其中，运算器所进行的加法、减法、乘法与数学计算方式一样。整除与数学的计算方式类似，但其结算结果必须为整数。求余的计算结果也为整数。

【例 1-2】试求 6 026 与 1 000 分别进行加法、减法、乘法、整除、求余后的运算结果。

解：6 026 与 1 000 进行加法：6 026＋1 000＝7 026

6 026 与 1 000 进行减法：6 026－1 000＝5 026

6 026 与 1 000 进行乘法：6 026＊1 000＝6 026 000

6 026 与 1 000 进行整除：6 026/1 000＝6

6 026 与 1 000 进行求余：6 026％1 000＝26

（2）控制器是计算机的控制中心，是发布命令的"决策机构"，完成协调和指挥整个计算机系统的操作，保证各部件有条不紊地按顺序执行各个程序。通常，运算器和控制器被合成在一块集成电路芯片上，即是人们常说的 CPU 芯片。

2）存储器

存储器负责存储程序和数据，并根据控制命令提供这些程序和数据。存储器是计算机的记忆部件，用于存放计算机进行信息处理所必须的原始数据、中间结果、最后结果以及指示计算机工作的程序。

计算机的存储器一般可分为内存储器和外存储器。按照读写方式分为随机存储器和只读存储器。随机存储器（RAM，random access memory）又称内存储器，是与 CPU 直接交换数据的内部存储器。只读存储器（ROM，read-only memory）是一种半导体存储器，数据存储之后无法再改变或删除数据，且内容不会由于电源的关闭而丢失。

（1）内存储器又称主存储器，作用是用于暂时存放 CPU 中的运算数据，以及与硬盘等外部存储器交换的数据。计算机在运行过程中，CPU 把需要运算的数据存放到内存中进行运算，当运算完成后 CPU 再将结果传送出来，内存的运行也决定了计算机的稳定运行。内存是由内存芯片、电路板等部分组成的，可以由 CPU 直接访问，访问速度快但容量较小。

当 CPU 速度很高时，为了使访问存储器的速度能与 CPU 的速度相匹配，又在主存储器和 CPU 之间增设了一级高速缓冲存储器 cache，cache 的存取速度比主存储器更快，但容量更小，用来存放当前正在执行的程序中的活跃部分。

（2）外存储器又称辅助存储器，通常是磁性介质或光盘，如硬盘、软盘、磁带、CD光盘等，能长期保存信息，断电后信息仍然可以保存完好，由于外存需要机械部件带动因而速度较慢。

3）输入设备

输入设备是指把数据和信息输入到计算机内的设备，是计算机与用户或其他设备通信的桥梁。常见的输入设备有键盘、鼠标、扫描仪等。

4）输出设备

输出设备是指将计算机内部信息呈现在用户面前的设备，常见的输出设备有显示器、打印机、音箱、绘图仪等。

2. 软件系统

只有硬件系统，没有安装任何软件的机器称之为裸机。按照软件的分类一般可分为系统软件和应用软件。

1）系统软件

系统软件是指协调和控制计算机各个部件，保证应用软件得以开发和顺利运行的系统。主要承担监控计算机系统和管理硬件的主要任务。

系统软件一般包括操作系统（DOS、Windows 系列、Linux、UNIX 等）、程序设计语言（Fortran、Pascal、C、C++、Delphi 等）、语言处理程序（编译系统和解释程序）、数据库管理系统（FoxPro、Oracle、Access 等）、网络软件（Packet Tracer、Wireshark等）。

2）应用软件

应用软件是指计算机使用者可以使用 C 语言等多种程序设计语言解决实际问题的应用程序集合，可供多个用户共享使用。

应用软件一般包括办公软件（Office、苹果 iWork、WPS 等）、媒体转换器（Format-Factory、MediaCoder、FFmpeg 等）、视频处理软件（Adobe Premiere、会声会影 X9、After Effects 等）、编程开发软件（C++、Java、PHP 等）、压缩软件（WinRAR、WinZ-

IP) 等。

【例 1-3】图像处理软件 Photoshop 属于（　　　）。

A. 应用软件　　　　　　　　B. 系统软件和应用软件

C. 系统软件　　　　　　　　D. 以上都不对

这里考查的是软件的分类，我们常见的应用软件包括 Office 系列的办公软件、专门处理图像的 Photoshop 软件、处理音频的软件 Goldwave、视频软件 Adobe Premiere 等。因此答案为 A。

二、计算机的工作原理

计算机的工作原理是：将事先编制好的程序通过输入设备输送到计算机的内存中，运算器通过算术运算与逻辑运算执行程序中的各个指令与程序，控制器协调各个指令按照程序中规定的次序和步骤有效运行，最后将处理结果通过输出设备输出，如图 1-7 所示。

计算机中的逻辑集成电路是由多种开关元件组成，而开关元件的状态有"接通"和"断开"两种状态，一般是用"1"代表"接通"状态，用"0"代表"断开"状态。

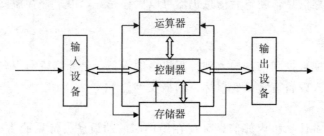

图 1-7　计算机工作原理示意图

三、冯·诺依曼体系结构

计算机学科比较有名的代表人物有英国科学家艾兰·图灵和美籍匈牙利科学家冯·诺依曼。图灵提出了图灵机的基本理论，为人工智能的发展奠定了一定的基础。

1946 年，冯·诺依曼提出了计算机体系结构（如图 1-8 所示），后人称之为冯·诺依曼体系结构，其特点是：计算机处理的指令与数据以二进制数形式来存放；计算机首先把要执行的程序与数据放入内存中，按照顺序取出所需指令并执行相关指令；计算机硬件由五大部件组成：运算器、控制器、存储器、输入设备和输出设备。尽管计算机技术取得了很大的进步，但当今计算机仍然采用冯·诺依曼体系结构，因而冯·诺依曼被称为数字计算机之父。

冯·诺依曼计算机在数据处理和程序控制方面得到了广泛的应用，其核心思想是**数据存储和程序控制**，但是存在一定的不足之处：存储的指令和数据没有加以区分，都储存在同一内存中，导致运行过程容易出错，不方便修改；数据以二进制表示，不方便人们阅读和理解；输入设备和输出设备、内存中的数据指令必须经过运算器，而计算机以运算器为核心，使得运算器负载较重，如果运算器出现故障，所有指令都不能执行，会影响整个进程的运行。

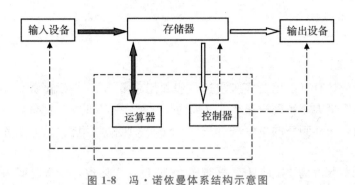

图 1-8 冯·诺依曼体系结构示意图

第四节 计算机数据的存储

计算机存储的数据可以是文字、数字、声音、图形、图像、视频以及动画等，数据被输入计算机后，必须转换成计算机可以执行的语言，即机器语言，就是我们通常所说的二进制代码。

一、数据存储的基础知识

在了解二进制代码之前，必须先了解一下数据存储基础知识。

1. 二进制

计算机能够执行的程序语言是机器语言，即"0"或"1"代码。二进制就是由一系列"0"或"1"代码组成的。我们都知道阿拉伯数字 0，1，2，3，4，5，6，7，8，9，10，11等，它的基数是 10，超过 9 后，就开始往前进一位，我们称之为逢十进一，即十进制。

同理，二进制中不能出现比二大或者等于二的数字，只能用"0"或"1"来表示，超过 1 后，就开始往前进一位，逢二进一，即二进制。如阿拉伯数字 0，1，2，3，4，5，6，7，8，9，10 用二进制表示分别为：0，1，10，11，100，101，110，111，1000，1001，1010。

2. 数据的存储单元

计算机数据存储的最小单位是指二进制之中的"0"或"1"代码的位数，如 1010 总共有 4 个"0"或"1"代码，即 4 位，位的英文是"bit"，简写为 b。

字节是计算机存储容量的基本单位，字节的英文是"Byte"，简写为 B。字节以上的单位有千字节、兆字节、千兆字节、兆兆字节，英文分别是"kilobyte""megabyte""gigabyte""trillionbyte"，分别用 kB、MB、GB、TB 表示。它们之间的换算关系如下：

$1TB = 2^{10}GB = 1\ 024GB$

$1GB = 2^{10}MB = 1\ 024MB$

$1MB = 2^{10}kB = 1\ 024kB$

$1kB = 2^{10}B = 1\,024B$

$1B = 8b$

3. 音频的存储

音频数据量的计算可以用公式来表达，假如用字节 Byte 表示音频的容量大小，其公式表示为：音频容量大小＝采样频率×（采样位数/8）×声道数×时间。

在该公式内，采样频率的单位是赫兹（Hz），采样位数用位（b）表示，时间单位用秒（s）表示。

【例 1-4】 采样频率为 44.1kHz，分辨率为 16 位，立体声，录音时间为 10s，符合 CD 音质的声音文件的大小是多少？如果用一个 16GB 的 U 盘存储以上文件，那么可以存储多少个这样的音频文件呢？

解：我们知道立体声是双声道，44.1kHz 等于 44\,100Hz，再根据计算公式：

声音文件的大小：$44\,100 \times (16/8) \times 2 \times 10 = 1\,764kByte$

首先将 16GB 换算成以 kB 为单位的数据。

$16GB = 16 \times 1\,024MB = 16 \times 1\,024 \times 1\,024kB$

其次，两者相除，即可得到所需文件的个数。

音频文件个数：$16 \times 1\,024 \times 1\,024kB / 1\,764kB = 9\,510$

因此，符合 CD 音质的声音文件的大小是 1\,764kB；一个 16GB 的 U 盘可以存储这样的音频文件 9\,510 个。

二、数制及其换算

我们日常生活中使用频率较高的是十进制，而计算机中经常使用的进制为二进制、八进制与十六进制。

1. 常用的数制表示方式

1）二进制

计算机技术中用的最多的就是二进制，它的基数是二，进位原则是逢二进一，借 1 当 2。计算机能够识别的代码是二进制，二进制有其优点：只有 1 和 0 两个代码，可以用较少的代码表示复杂的数据；运算法则简单，操作方便。

局限性：由于只有 1 和 0 两个代码，当表示复杂数据时，必须用较多的位数，不利于人们的读取和记忆。

由于二进制的英文是"binary"，一般用 B 表示二进制。

【例 1-5】 下列有关二进制 111 写法，以下说法错误的是（　　）。

A. $(111)_B$ B. $(111)_2$

C. A 和 B 都正确   D. A 和 B 都错误

这里考查的是二进制的写法，二进制的书写过程中，一般以右下方 2 或 B 标记，故 $(111)_B$ 和 $(111)_2$ 都正确，故答案为 D。

2）十进制

我们经常使用的数字表示方式大多是十进制，在十进制表示中，只有 0，1，2，3，4，

5，6，7，8，9 十个符号，记数法则是逢十进一。由于十进制的英文是"decimal"，一般用 D 表示十进制。

【例 1-6】下列有关十进制 106 写法，以下说法不正确的是（　　）。

A. $(106)_D$

B. $(106)_{10}$

C. 106

D. 以上都不正确

这里考查的是十进制的写法，十进制的书写过程中，一般以右下方 10 或 D 标记，也可以省略，$(106)_D = (106)_{10} = 106$，故答案为 D。

3）八进制

八进制较二进制书写更简单，在早期的计算机系统中已经出现了八进制。在八进制表示中，记数法则是逢八进一，只有 0、1、2、3、4、5、6、7 八个符号。由于八进制的英文是"Octal"，可以用 O 表示八进制，如 35 用八进制表示为 $(43)_O$ 或 $(43)_8$。

4）十六进制

在计算机指令代码和数据的书写过程中经常使用的进制是十六进制。在十六进制中，常用 0，1，2，3，4，5，6，7，8，9，A，B，C，D，E，F 共 16 个符号来表示，基数是 16，逢十六进一，A，B，C，D，E，F 分别代表 10，11，12，13，14，15。因十六进制的英文是"hexadecimal"一般用 H 表示十六进制。

【例 1-7】关于十六进制 9A 的写法，以下说法正确的是（　　）。

A. $(9A)_H$

B. $(9A)_{16}$

C. A 和 B 都正确

D. 以上都不正确

这里考查的是十六进制的写法，十六进制的书写过程中，一般以右下方 16 或 H 标记，$(9A)_H$ 与 $(9A)_{16}$ 两种写法都正确，故答案为 C。

2. 非十进制转换为十进制

非十进制转换成十进制的基本法则是按权相加，需要将其按权展开，各位数字与权相乘，相加后的结果即为十进制数。下面看看二进制、八进制、十六进制分别转换成十进制的计算过程。

1）二进制数与十进制数的转换过程

【例 1-8】试求把二进制 111010.110 转换成十进制。

解：$(111010.110)_2 = 1 \times 2^5 + 1 \times 2^4 + 1 \times 2^3 + 0 \times 2^2 + 1 \times 2^1 +$
$$0 \times 2^0 + 1 \times 2^{-1} + 1 \times 2^{-2} + 0 \times 2^{-3}$$
$$= 32 + 16 + 8 + 0 + 2 + 0 + 0.5 + 0.25 + 0$$
$$= (58.75)_{10}$$
$$= 58.75$$

所以二进制 111010.110 转换成十进制的结果为 58.75。

2）八进制数与十进制数的转换过程

【例 1-9】试求把八进制 105.2 转换成十进制。

解：$(105.2)_8 = 1 \times 8^2 + 0 \times 8^1 + 5 \times 8^0 + 2 \times 8^{-1}$
$$= 64 + 0 + 5 + 0.25$$
$$= (69.25)_{10}$$

$$=69.25$$

所以把八进制 105.2 转换成十进制的结果为 69.25。

3）十六进制数与十进制数的转换过程

【例 1-10】试求把十六进制 2AF.10 转换成十进制。

$$(2AF.10)_{16}=2\times16^2+10\times16^1+15\times16^0+1\times16^{-1}+0\times16^{-2}$$
$$=512+160+15+0.062\,5+0$$
$$=(687.062\,5)_{10}$$
$$=687.062\,5$$

所以把十六进制 2AF·10 转换成十进制的结果为 687.062 5。

3. 十进制转换成非十进制

十进制在转换成非十进制的过程中，整数与小数部分需要分开转换，然后再把两部分结果进行相加。整数部分按照模除取余的方法，不断除以 2（8 或 16），直到余数为零结束，取余数的时候按照从低到高的顺序写出。小数部分按照相乘取整的方法，不断乘以 2（8 或 16），直到小数部分为零，取整数的时候按照从高到低的顺序写出。

【例 1-11】试求将十进制 100.25 转换成二进制。

解：首先，将 100.25 分为整数部分和小数部分，整数部分为 100，小数部分为 0.25。

然后，整数部分 100 和小数部分 0.25 分别转换。

100 转换成二进制的过程如下：

所以 100 转换成二进制结果为 $(1100100)_2$

0.25 转换成二进制的过程如下：

所以 0.25 转换成二进制结果为（0.01）$_2$

最后，将结果相加：100.25＝（1100100）$_2$＋（0.01）$_2$＝（1100100.01）$_2$

因此，十进制 100.25 转换成二进制的结果为（1100100.01）$_2$。

4. 非十进制之间的转换

非十进制包括二进制、八进制和十六进制，它们之间也可以相互转换，如表 1-1 所示。

表 1-1　二、八、十、十六进制的对应关系

二进制	八进制	十进制	十六进制	二进制	八进制	十进制	十六进制
1	1	1	1	10001	21	17	11
10	2	2	2	10010	22	18	12
11	3	3	3	10011	23	19	13
100	4	4	4	10100	24	20	14
101	5	5	5	10101	25	21	15
110	6	6	6	10110	26	22	16
111	7	7	7	10111	27	23	17
1000	10	8	8	11000	30	24	18
1001	11	9	9	11001	31	25	19
1010	12	10	A	11010	32	26	1A
1011	13	11	B	11011	33	27	1B
1100	14	12	C	11100	34	28	1C
1101	15	13	D	11101	35	29	1D
1110	16	14	E	11110	36	30	1E
1111	17	15	F	11111	37	31	1F
10000	20	16	10	100000	40	32	20

1）二进制转换成八进制的过程

由于每一位八进制数是用 3 位二进制数代替。在二进制转换成八进制的过程中，以小数点为中心，整数部分从右往左数，每 3 位二进制数划分为一组，不足 3 位，前面补 0 凑够 3 位，然后分别得到对应的八进制数。小数部分从左往右数，每 3 位二进制数划分为一组，不足 3 位，后面补 0 凑够 3 位，然后分别得到对应的八进制数。

【例 1-12】试求将二进制 10110101111110.011001 转换成八进制。

解：（10101111110.01101）$_2$ 转换成八进制时，每 3 位划分为一组，然后找对应的数字。

$$010\ 101\ 111\ 110.011\quad 010$$
$$2\quad 5\quad 7\quad 6\quad 3\quad 2$$

所以（10110101111110.011001）$_2$＝（2576.32）$_8$

2）八进制转换成二进制的过程

$(162)_8$ 转换成二进制时，先把每个八进制数字用二进制数表示，然后以小数点为中心，整数部分最前面的 0 可以省略，小数部分最后面的 0 省略不写。

【例 1-13】 试求将八进制 163.2 转换成二进制。

解： $(163.2)_8 = (001110011.010)_2 = (1110011.01)_2$

因此，八进制 163.2 转换成二进制的结果为 $(1110011.01)_2$。

3）二进制转换成十六进制的过程

由于 2^4 等于 16，每一位十六进制数都可以用 4 位二进制数代替。在二进制转换成十六进制的过程中，以小数点为中心，整数部分从右往左数，每 4 位二进制数划分为一组，不足 4 位，前面补 0 凑够 4 位，然后分别得到对应的十六进制数。小数部分从左往右数，每 4 位二进制数划分为一组，不足 4 位，后面补 0 凑够 4 位，然后分别得到对应的十六进制数。

【例 1-14】 把 $(10101111110.01101)_2$ 转换成十六进制。

解： 将 $(10101111110.01101)_2$ 转换成十六进制时，每 4 位划分为一组，然后得到对应的十六进制数。

$$0101 \quad 0111 \quad 1110.0110 \quad 1000$$
$$5 \qquad 7 \qquad E \quad 6 \qquad 8$$

所以 $(10110101111110.011001)_2 = (57E.68)_{16}$。

4）十六进制转换成二进制的过程

先把每个十六进制数用二进制数表示，然后以小数点为中心，整数部分最前面的 0 可以省略，小数部分最后面的 0 省略不写。

【例 1-15】 将 $(1AF.C)_{16}$ 转换成二进制。

解： $(1AF.C)_{16} = (000110101111.1100)_2 = (110101111.11)_2$

所以将 $(1AF.C)_{16}$ 转换成二进制的结果为 $(110101111.11)_2$。

三、字符数据的编码

由鼠标键盘输入的各种信息除了包括数值数据之外，还包括字母、标点符号等，它们也是以二进制代码形式存储在计算机内。那么在计算机内存储的二进制与十进制之间是如何转换的呢？

BCD 码是一种简单、直观的编码方式，可以帮助人们快速实现二进制与十进制的转换。

1. BCD 码

BCD 全称是 binary code decimal，简称 BCD，是指由 4 个二进制代码组成代替十进制数的编码方式，如表 1-2 所示。

表 1-2 十进制与 BCD 码对照表

十进制数	BCD 码	十进制数	BCD 码
0	0000	10	00010000
1	0001	11	00010001
2	0010	12	00100010
3	0011	13	00010011
4	0100	14	00101000
5	0101	15	00010101
6	0110	16	00010110
7	0111	17	00010111
8	1000	18	00011000
9	1001	19	00011001

8421 码是用 4 位二进制编码表示十进制数的 0～9 中的每一个数字，从左到右每一位对应的数字分别是 8，4，2，1，对于位数较多的数字，将它的每一位数字按照对应关系列出即可。

8421 码与二进制之间的转换，需先将 8421 码表示的数转换成十进制数，再将十进制数转换成二进制数。

【例 1-16】试将十进制 1506.92 转换成 BCD 码。

解：$(1506.92)_{10}=($ 0001 0101 0000 0110.1001 0010 $)_{BCD}$

所以，十进制 1506.92 转换成 BCD 码为（ 0001 0101 0000 0110 . 1001 0010 $)_{BCD}$。

【例 1-17】将 BCD 码 10000010.0101 转换成十进制。

解：$(10000010.0101)_{BCD}$ 每四位一组，然后找对应的数字。

$(10000010.0101)_{BCD}=(1000\ 0010.0101)_{BCD}=(82.5)_{10}$

BCD 码 10000010.0101 转换成十进制的结果为 82.5。

2. ASCII 码

在计算机中，需要对这些文字和符号进行编码用于表示非数值的文字和符号，即用二进制编码来表示字符。

ASCII 的中文全称是美国标准信息交换码，英文全称为 American standard code for information interchange，简称 ASCII，是目前国际上使用最广泛的编码形式。ASCII 码有 2 个版本：7 位版本和 8 位版本。国际上通用的是 7 位版本，需要用 2^7（128）个元素表示 52 个大小写英文字母，阿拉伯数字 0～9 及 34 个符号。

一个英文字母可以用一个 ASCII 存储，而一个 ASCII 只能存储半个汉字，大写英文字母"A"的 ASCII 是 65，大写英文字母"B"的 ASCII 是 66，"B"在"A"的右侧 1 位，可以按照 65+1＝66 这样的规则得出，因此，我们只要知道 A 的 ASCII 值，其他的大写英文字母的 ASCII 值依次可以计算出来。同样道理，小写英文字母"a"的 ASCII 是

97，"b"在"a"的右侧 1 位可以按照 97＋1＝98 这样的规则得出 a 的 ASCII 值，因此，我们只要知道"a"的 ASCII 值，其余的小写英文字母的 ASCII 值依次可以计算出来，具体如表 1-3，表 1-4 和表 1-5 所示。

表 1-3 ASCII 码表

字符	ASCII 码	字符	ASCII 码	字符	ASCII 码	字符	ASCII 码
NUL	0	SPACE	32	@	64	`	96
SOH	1	!	33	A	65	a	97
STX	2	"	34	B	66	b	98
ETX	3	#	35	C	67	c	99
EOT	4	MYM	36	D	68	d	100
ENQ	5	%	37	E	69	e	101
ACK	6	&	38	F	70	f	102
BEL	7	'	39	G	71	g	103
BS	8	(	40	H	72	h	104
HT	9	)	41	I	73	i	105
NL	10	*	42	J	74	j	106
VT	11	+	43	K	75	k	107
FF	12	,	44	L	76	l	108
ER	13	—	45	M	77	m	109
SO	14	.	46	N	78	n	110
SI	15	/	47	O	79	o	111
DLE	16	0	48	P	80	p	112
DC1	17	1	49	Q	81	q	113
DC2	18	2	50	R	82	r	114
DC3	19	3	51	S	83	s	115
DC4	20	4	52	T	84	t	116
NAK	21	5	53	U	85	u	117
SYN	22	6	54	V	86	v	118
ETB	23	7	55	W	87	w	119
CAN	24	8	56	X	88	x	120
EM	25	9	57	Y	89	y	121
SUB	26	:	58	Z	90	z	122
ESC	27	;	59	[	91	{	123

续表

字符	ASCII 码	字符	ASCII 码	字符	ASCII 码	字符	ASCII 码
FS	28	<	60	\	92	|	124
GS	29	=	61	]	93	}	125
RS	30	>	62	^	94	~	126
US	31	?	63	_	95	DEL	127

表 1-4　ASCII 控制字符含义及其转义符

ASCII 值	简写	全称	含义及显示	转义符	输入法
0	NUL	Null char	空字符	\ 0	
1	SOH	Start of Header	标题起始，显示为☺		Ctrl+A
2	STX	Start of Text	文本起始，显示为☻		Ctrl+B
3	ETX	End of Text	文本结束，显示为♥		Ctrl+C
4	EOT	End of Transmission	传输结束，显示为♦		Ctrl+D
5	ENQ	Enquiry	询问，显示为♣		Ctrl+E
6	ACK	Acknowledgement	应答，显示为♠		Ctrl+F
7	BEL	Bell	响铃	\ a	Ctrl+G
8	BS	Backspace	退格，光标回退一个位置	\ b	Ctrl+H
9	HT	Horizontal Tab	水平制表，光标移到下一个制表位（以 8 个字符为单位）	\ t	Ctrl+I
10	LF	Line Feed	换行，光标移到下一行	\ n	Ctrl+J
11	VT	Vertical Tab	垂直制表，显示为♂	\ v	Ctrl+K
12	FF	Form feed	换页，显示为♀	\ f	Ctrl+L
13	CR	Carriage return	回车，光标移到行头位置	\ r	Ctrl+M
14	SO	Shift out	移出，显示为♫		Ctrl+N
15	SI	Shift in	移入，显示为☼		Ctrl+O
16	DLE	Data Link Escape	数据链丢失，显示为▶		Ctrl+P
17	DC1	Device control 1	设备控制1，显示为◀		Ctrl+Q
18	DC2	Device control 2	设备控制2，显示为↕		Ctrl+R
19	DC3	Device control 3	设备控制3		Ctrl+S
20	DC4	Device control 4	设备控制4		Ctrl+T
21	NAK	Negative Acknowledgement	否定应答		Ctrl+U
22	SYN	Synchronous Idle	同步闲置符		Ctrl+V
23	ETB	End of Trans. Block	传输块结束		Ctrl+W

续表

ASCII 值	简写	全称	含义及显示	转义符	输入法
24	CAN	Cancel	取消，显示为↑		Ctrl＋X
25	EM	End of Medium	媒介结束，显示为↓		Ctrl＋Y
26	SUB	Substitute	替换，显示为→		Ctrl＋Z
27	ESC	Escape	退出，Esc 键，显示为←		
28	FS	File Separator	文件分隔符		
29	GS	Group separator	组分隔符，显示为↔		
30	RS	Record separator	记录分隔符，显示为▲		
31	US	Unit Separator	单元分隔符，显示为▼		

表 1-5　ASCII 扩展字符集

字符	ASCII 码	字符	ASCII 码	字符	ASCII 码	字符	ASCII 码
€	128		160	À	192	à	224
	129	¡	161	Á	193	á	225
‚	130	¢	162	Â	194	â	226
ƒ	131	£	163	Ã	195	ã	227
„	132	¤	164	Ä	196	ä	228
…	133	¥	165	Å	197	å	229
†	134	¦	166	Æ	198	æ	230
‡	135	§	167	Ç	199	ç	231
ˆ	136	¨	168	È	200	è	232
‰	137	©	169	É	201	é	233
Š	138	a	170	Ê	202	ê	234
‹	139	«	171	Ë	203	ë	235
Œ	140	¬	172	Ì	204	ì	236
	141		173	Í	205	í	237
Ž	142		174	Î	206	î	238
	143	¯	175	Ï	207	ï	239
	144	°	176	Ð	208	ð	240
'	145	±	177	Ñ	209	ñ	241
'	146	2	178	Ò	210	ò	242
"	147	3	179	Ó	211	ó	243
"	148	´	180	Ô	212	ô	244

字符	ASCII 码	字符	ASCII 码	字符	ASCII 码	字符	ASCII 码
•	149	μ	181	Ō	213	ō	245
-	150	¶	182	Ö	214	ö	246
—	151	•	183	×	215	÷	247
~	152	,	184	Ø	216	ø	248
™	153	¹	185	Ù	217	ù	249
Š	154	°	186	Ú	218	ú	250
›	155	»	187	Û	219	û	251
Œ	156	¼	188	Ü	220	ü	252
	157	½	189	Ý	221	ý	253
Ž	158	¾	190	Þ	222	t	254
Ÿ	159	¿	191	ß	223	ÿ	255

【例 1-18】 已知大写字母 D 的 ASCII 码 n，M 的 ASCII 码是多少？（用 n 表示）

解： 因为 M 是拉丁字母中的第 13 个字母，D 是英语字母中的第 4 个字母。

$M-D=9$。

所以，M 的 ASCII 码是 $9+n$。

第五节　多媒体技术

一、媒体与多媒体的概念

1. 媒体的含义

信息是指有用的消息，而媒体是指承载信息的载体。媒体有数字、文字、声音、图形、图像、动画、视频等多种表现形式。信息是通过媒体进行表示和存储的，它们之间存在着密不可分的关系。从本质上看，信息是对社会、自然界事物特征、现象、本质及规律的描述。人类感知信息包括以下几种途径。

视觉是人类感知信息最重要的途径，人类从外部世界获取信息 70%～80% 都是从视觉获得的。人类从外部世界获取信息的 10% 是从听觉获得的。通过嗅觉、味觉、触觉获得的信息量约占 10%。

2. 多媒体的含义

多媒体的英文是 multimedia，它是由 multiple 和 media 复合而成的。实际上，多媒体不仅融合了文本、声音、图像、视频和动画等多种媒体信息，同时还包括计算机处理信息的多元化技术和手段。多媒体技术不是各种信息媒体的简单复合，而是以数字化为基础，并能够对多媒体信息进行采集、编码、存储、传输、处理和表现，综合处理多媒体信息并使之建立起有机的逻辑联系，集成为一个系统并具有良好交互性的技术。

二、多媒体的分类

媒体作为信息表示和传播的形式载体，根据信息被人们感知、表示、呈现、存储或传输的载体的不同，建议将媒体分为下列 5 类：感觉媒体、表示媒体、表现媒体、存储媒体和传输媒体。

1. 感觉与表示媒体

感觉与表示媒体是指信息的表示形式，如图像、声音、视频等。在如图 1-9 所示的表示媒体中，可了解到这是一个测量工具钢卷尺，最大的测量长度为 5m 等信息。图像就是作为承载这些信息的载体。声音或视频也能承载更多的信息，也是最常见的表示媒体。

2. 显示媒体

显示媒体是指表现和获取信息的物理设备，包括输入类媒体和输出类媒体。

输入类：用来获取信息，如键盘、鼠标、扫描仪、摄像机和话筒等；

输出类：用来帮助人们进行信息的再现，如显示器、扬声器、打印机和绘图仪等。

3. 存储媒体

存储媒体指用于存储表示媒体的物理介质，常见的存储媒体有：磁带、U 盘、移动硬盘、光盘等，如图 1-10 所示为常见的光盘。

图 1-9　表示媒体　　　　　　　　　　　图 1-10　存储媒体

4. 传输媒体

传输媒体是通信网络中发送方和接收方之间的物理通路。

计算机网络中采用的传输媒体可分为有线和无线两大类。

有线传输媒体是指在两个通信设备之间，能将信号从一方传输到另一方的物理介质。双绞线、同轴电缆和光纤是常用的三种有线传输媒体。如图 1-11 所示为双绞线示意图。

无线传输媒体是指利用无线电波在我们周围的自由空间内实现信息的传播。卫星通信、无线通信、红外通信、激光通信以及微波通信的信息载体都属于无线传输媒体。

图 1-11　双绞线示意图

三、多媒体的特点

多媒体具有集成性、交互性、实时性、非线性、多样性等特点。

1. 集成性

多媒体的集成性是建立在数字化处理基础上的，是结合文字、图形、图像、声音、动画等各种媒体元素的一种应用。多媒体的集成性体现在两个方面：一方面是可以同时使用图形、文字、声音和图像等多种形式的媒体信息表达的集成性；另一方面是指处理媒体设备和软件技术的集成性。

2. 交互性

交互性是指通过各种方式，有效地控制和使用信息，让使用者完成交互性沟通。

多媒体的交互性区别于传统的信息交流方法（如看电视、听广播等），通过数据库检索我们需要的文字、图片等资料，通过触摸屏进行信息内容的选择和使用等。

3. 实时性

由于声音、视频图像等是和时间密切相关的连续媒体，所以多媒体技术在处理的过程中必须支持实时性处理，即当用户给出操作命令时，相应的多媒体信息都能够得到实时控制。

网络视频会议、IP 电话、视频点播都能让使用者感受到实时的效果。

4. 非线性

一般而言，使用者对非线性信息存取需求要比循序性信息存取大得多。

以往人们读写方式大都采用章、节、页阶梯式的结构，即循序渐进式获取知识，在多媒体技术中借助超文本链接（hyper text link）的方法，把内容以一种更灵活、更具变化的方式呈现给读者，简化了使用者查询资料的过程。

5. 多样性

多媒体技术的多样性体现在信息载体和处理信息技术的多样性。

处理信息技术的多样性体现在信息采集、生成、传输、存储、处理及显现的过程中，计算机对信息的处理不仅仅是简单的获取和再现，而是要根据人们的想法、创意进行加工、组合与变换，使得这些信息达到生动、灵活、自然的效果。

四、多媒体技术研究的内容

多媒体技术是一个开放性且涉及面较广的综合技术。多媒体技术的研究涉及计算机硬件、计算机软件、计算机网络、人工智能、电子出版等方面，其产业涉及电子工业、计算机工业、广播电视、出版业和通信业等，目前的研究内容主要包括压缩编解码技术、多媒体数据存储技术、多媒体网络与通信技术、数据检索技术等几个方面。

1. 压缩编解码技术

压缩技术研究的主要问题包括数据压缩比、压缩/解压缩速度以及简捷的算法。至今业界已经制定了一些视频压缩标准，比如 H.261、JPEG 和 MPEG 等，其中 MPEG 标准是一种在高压缩比的情况下，能保证高质量画面的压缩算法，最适用于视频 VOD 的存储、点播和网上传输等。

图像数据压缩的主要依据有两个：一个是图像数据中有许多重复的数据，使用数学方法来表示这些重复数据即可减少数据量；另一个依据是人眼睛对图像细节和颜色的辨认有一个极限，把超过极限的部分删去，即可达到数据压缩的目的。

数据压缩包括有损压缩技术和无损压缩技术。基于数据冗余的压缩技术是无损压缩技术，而基于人眼视觉特性的压缩技术是有损压缩技术。实际上，图像压缩技术是各种有损和无损压缩技术的有机结合。

数据之所以能够被压缩，是因为存在着以下冗余：

（1）空间冗余。相邻数据相同或者相近，这就是空间冗余。例如，一个图像中，大部分区域都是同样色的，如果把每个像素的颜色都记录下来，就产生了大量重复的数据，存在可被压缩的空间。

【**例 1-19**】下图 1-12 所示图像中的"A"存在着（　　　）。

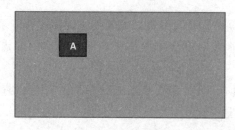

图 1-12　空间冗余

A. 空间冗余　　　　　　　　　　B. 时间冗余
C. 知识冗余　　　　　　　　　　D. 以上都不对

这里考查的是空间冗余的概念，在图 1-12 中，图像中的 "A" 是一个规则物体。光的亮度、饱和度及颜色都一样，因此，数据 A 有很大的冗余，故答案为 A。

（2）时间冗余。视频是由连续的画面组成的，画面中的每一帧图像是由若干个像素组成的，由于动态图像通常反映的是一个连续变化的过程，它的相邻的帧之间存在着较大的相关性，从一幅画面到另外一幅画面，背景与前景就可以没有太多的变化。连续多帧画面在很大程度上是相似的，而这些相似的信息为数据的压缩提供了基础。这种随着时间的变化，画面变化不大的情况称为时间冗余，如图 1-13 所示。

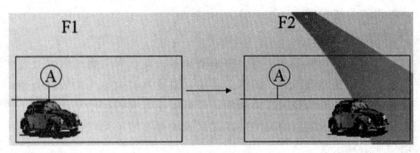

图 1-13　时间冗余

（3）信息熵冗余。信息熵（entropy）通常是指一组数据所表示的信息量。例如 26 个英文字母出现频率不一样，汉字出现频率也不同。

信息量是指从 N 个相等的可能事件中选出一个事件所需要的信息度量和含量。

信息熵是指一团数据所带的平均信息量。

【例 1-20】从 64 个数中选出某一个数，假定选定任意一个数的概率都相等，问需要几次就能得到答案？

解：可先问 "是否大于 32？" 消除半数的可能，这样只要 6 次就可选出某数。因为每提问一次都会得到 1 比特的信息量。所以，在 64 个数中选定某一数所需的信息量是：$\log_2 64 = 6$（bits）。

假设从 N 个数中选任意一个数 X 的概率为 $P(x)$，假定选定任意一个数的概率都相等，$P(x) = 1/N$，因此定义信息量：$I(x) = \log_2 N = -\log_2(1/N) = -\log_2 P(x) = I[P(x)]$。

因此，从 64 个数中选出某一个数，假定选定任意一个数的概率都相等，需要问 6 次就能得到答案，信息熵为 6。

（4）结构冗余。由于图像有非常强的纹理结构，在结构上存在冗余，这种冗余称之为结构冗余，如图 1-14 所示。

图 1-14　结构冗余

（5）知识冗余。知识冗余是指图像的理解与某些基础知识有关，比如狗的图像有固定的结构，狗有四条腿，头部有眼、鼻、耳朵，尾部有尾巴等。这类规律性的结构可由经验知识和背景知识得到。

例如：人脸的图像有同样的结构：嘴的上方有鼻子，鼻子上方有眼睛。我们理解人脸的图像与这些知识有很大的相关性。

（6）视觉冗余。人类视觉系统的一般分辨能力大约为 2^6 灰度等级，而一般图像的量化采用的是 2^8 的灰度等级，两者有一定的差距的冗余，称之为视觉冗余。通常情况下，视觉冗余是非均匀、非线性的。

2. 多媒体数据存储技术

传统的数据类型主要是整型、实型、布尔型和字符型，而多媒体数据处理中，除了上述常规数据类型外，还要处理图形、图像、音频、视频及动画等复杂数据类型；多媒体的音频、视频、图像等信息虽然经过压缩处理，但仍需相当大的存储空间。由于多媒体数据量较大且无法预估，因而不能用定长的字段或记录块等存储单元组织进行存储，这在存储结构上较大地增加了复杂度。

3. 多媒体网络与通信技术

多媒体网络与通信技术是多媒体计算机技术和网络通信技术结合的产物。

由于多媒体数据对网络的延迟较为敏感，因此多媒体网络必须采用相应的控制机制和技术，以满足多媒体数据对网络实时性和同步性的要求。

网络多媒体对多媒体网络要求有较高的吞吐量、较短的网络延时、安全问题以及传输服务质量问题。

目前，全新的电信组网技术、终端设备技术、多媒体技术、电视机技术、计算机 IP 网络承载技术组成了多媒体网络通信新的技术学科。它的出现将有力地推动 IP 电话、视频会议、高清晰度电视、视频点播等领域的发展，推进电信网、计算机网和有线电视网络相互融合的进程。

4. 数据检索技术

数据检索技术是指对多媒体对象的内容及上下文语义环境进行检索，如对图像中的颜色、纹理、形状或视频中的场景、片断进行分析和特征提取，并基于这些特征进行相似性匹配。基于内容的多媒体检索是一个新兴的研究领域，目前国内外都在探索和研究，目前虽然有一些基于内容的检索算法，但存在着算法处理速度慢、检索率低、应用局限性等问题，图 1-15 所示为基于特征的数据检索技术。

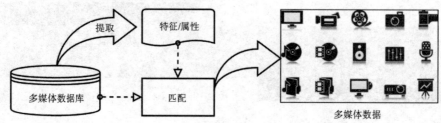

图 1-15　基于特征的数据检索技术

第六节 计算机病毒

一、计算机病毒概述

纽曼作为计算机研究的先驱者早在 1949 年曾预言，有人会编制异想天开的程序且不正当地使用该程序。1983 年，美国计算机协会计算机图林奖获得者汤普生公布了计算机病毒的存在及其程序编制方法。1984 年 5 月，科普美国人曾发表有关磁心大战的文章，文章中指出获得指导编制病毒程序的复印材料只需 2 美元。随后，计算机病毒在大学里迅速扩散，蔓延开来。

计算机病毒就像我们日常生活中常见的生物病毒一样，具有独特的自我复制能力，以较快的速度进行传播。它本质上是一种可执行程序代码，能够破坏计算机功能，影响计算机的正常运转。

计算机病毒是指编制或者在计算机程序中插入的破坏计算机的功能，毁坏计算机内的数据，影响计算机的正常使用，且能够自我复制的一组计算机指令或者程序代码，它们能把自身附着在各种类型的文件上，当文件被复制或从一个用户传送到另一个用户时，它们就随同文件一起移动，并感染其他计算机用户。

二、计算机病毒的特点

计算机病毒能够通过各种途径感染其他计算机用户，具有以下特点：

1. 破坏性

计算机病毒最大的特征是破坏性，计算机病毒本质上是一段人为设计的可执行程序代码，它能破坏计算机的功能，降低运转速度，影响整个计算机的正常运行，严重的将会导致整个计算机的瘫痪。

2. 传播性

计算机病毒能够通过多种途径进行传播，比如一个文件感染了计算机病毒后，当这个文件被用户复制或传送到其他用户时，计算机病毒就随着该文件一起复制或传送给其他用户，趁机感染其他用户的计算机，并以很快的速度蔓延开来。

3. 潜伏性

计算机病毒很难被用户发现，具有一定的潜伏性。一个编制精巧的计算机病毒程序，进入系统之后一般不会马上发作，能够在几周或者几个月甚至几年内隐藏在合法的文件之中，比如常见的 Word 文档，传染其他系统，而不被用户发现。计算机病毒的潜伏性越好，其在系统中的存在时间就会越长，病毒的传染范围就会越大。

4. 寄生性

计算机病毒的寄生性是指病毒程序嵌入到宿主的程序之中，依赖于宿主程序的执行而

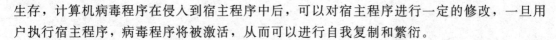

生存，计算机病毒程序在侵入到宿主程序中后，可以对宿主程序进行一定的修改，一旦用户执行宿主程序，病毒程序将被激活，从而可以进行自我复制和繁衍。

5. 不可预见性

计算机病毒的种类较多，而种类不同，代码也就千差万别。随着 Internet 和信息高速公路的发展，计算机病毒的制作技术也在不断的提高，病毒永远超前于反病毒软件，计算机病毒难以为用户所预测，具有不可预见性。

【例 1-21】 小王的 U 盘被感染病毒后，小李把小王 U 盘里的文档拷贝到自己电脑后，使得自己电脑也被病毒感染了，说明计算机病毒具有（　　）。

  A. 破坏性　　　　　　　　　　B. 不可预见性

  C. 寄生性　　　　　　　　　　D. 传播性

本题考查的是计算机的特点：破坏性、传播性、潜伏性、寄生性、不可预见性。U 盘是计算机病毒的传播途径之一。传播性是指当一个被传染的文件被用户复制或传送到其他用户时，计算机病毒就随着该文件一起复制或传送给其他用户，趁机感染用户的计算机。因此，答案为 D。

三、计算机病毒的分类

计算机病毒种类繁多，下面将一一介绍。

1. 按照破坏性分类

计算机病毒具有一定的破坏性，按照破坏的严重程序分为良性病毒、恶性病毒、极恶性病毒、灾难性病毒。其中良性病毒危害性最小，一般只能达到干扰用户正常操作的目的。而灾难性病毒的危害最大，能导致整个计算机的瘫痪。

2. 按照传染方式分类

（1）引导区型病毒。引导区型病毒的传播是通过在操作系统的软盘感染引导区，从而蔓延到硬盘进而感染主引导记录。

（2）文件型病毒。文件型病毒又被称为寄生性病毒。它运行在计算机的内存储器和外存（U 盘、移动硬盘等），一般对扩展名为 com、exe、sys 等类型的文件进行感染。

（3）混合型病毒。混合型病毒因具有引导区型病毒和文件型病毒两者的特点而得名。

（4）宏病毒。文字处理软件 Word、电子表格制作软件 Excel 等这些文档中使用的命令序列或者小程序称为宏，这些应用软件的计算机病毒称为宏病毒。由于办公软件的普及，使用 Word、Excel 等软件的人非常多，而宏病毒的编制只需使用简单的 Basic 语言，导致现在宏病毒较多。

宏病毒的最大的特点是它不同于传统的病毒需依赖于操作系统，只要有应用程序的支持，无需任何改动就可以在许多平台上运行。例如 Microsoft Word 宏病毒能在任何安装过 Microsoft Word 的系统中运行，并破坏计算机的功能。

3. 按照计算机病毒属性分类

（1）网络病毒。网络病毒的传播感染是在网络中进行的，因此称之为网络病毒，一般

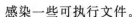

感染一些可执行文件。

（2）文件病毒。文件病毒能够感染计算机中的文件，例如：. dll、. exe、. doc 等类型的文件。

（3）引导型病毒。引导型病毒能够感染启动扇区和硬盘系统引导扇区。

除此之外，还有以上三种情况的混合型，通常这些类型具有复杂的算法，且使用了加密和变形算法。

4. 根据病毒传染渠道分类

（1）驻留型病毒。驻留型病毒因把自身的内存驻留部分放在内存而得名。它感染计算机病毒后，留在内存中的部分程序挂接系统调用并合并到操作系统之中，一直处于激活状态，随时都将被触发，感染计算机其他程序，用户关闭或重启计算机后才可以将其去除。

（2）非驻留型病毒。与驻留型病毒相比，非驻留型病毒被程序激活后并不感染计算机内存，虽然一小部分仍留在内存中，但是并不通过这些部分进行感染。

5. 根据算法分类

（1）伴随型病毒。伴随性病毒根据算法产生. exe 文件的伴随体，不改变文件本身，具有同样的名字和不同的后缀名，例如：files. exe 的伴随体是 files—com。

（2）蠕虫型病毒。蠕虫型病毒的传播是在计算机网络中进行的，借助计算机网络从一台计算机的内存传播到其他计算机的内存，文件和资料信息将不被改变。蠕虫型病毒可以在操作系统中出现，只占用内存而并不占用其他资源。

（3）寄生型病毒。除伴随型病毒和蠕虫型病毒之外，其他病毒均可称为寄生型病毒，通过系统的功能进行传播，一般依附在系统的引导扇区或文件之中，按其算法不同还可细分为：练习型病毒、诡秘型病毒、变型病毒等多种类型。

四、计算机病毒的传播

计算机病毒的传播方式有多种，一般包括通过网络传播，通过不可移动的硬件设备传播，通过无线网络传播，通过移动存储设备传播等几种途径。

1. 通过网络传播

网络传播的途径包括办公常用的电子邮件、浏览网页、下载软件、网络游戏等。例如电子邮件携带病毒、木马及其他恶意程序，会导致收件者的计算机被黑客入侵。

2. 通过不可移动的硬件设备传播

计算机病毒可以通过不可移动的硬件设备进行传播。计算机数据的主要存储介质硬盘是计算机病毒感染的主要对象。硬盘传播病毒的方式有多种：向软盘上复制带病毒的文件、带病毒情况下格式化软盘、向光盘上刻录带病毒文件、硬盘之间的数据复制，以及将带病毒文件发送至其他用户等。

3. 移动存储设备

我们常见的移动存储设备包括软盘、磁带、光盘、移动硬盘、U 盘、ZIP 和 JAZ 磁盘等，早期，因轻巧携带方便，软盘便成为计算机病毒传播的主要方式。后来，光盘、移动硬盘和 U 盘的使用率越来越高，同时其具有很大的存储容量，这为计算机病毒寄生提供了更宽裕的空间，逐渐成为计算机病毒攻击的主要对象。目前，随着 U 盘病毒逐步增加，U 盘已成为第二大病毒传播途径。

4. 无线网络设备

智能手机的发展为我们的生活提供了很大的便利，用户可以利用智能手机上网浏览网页内容和下载程序到手机里，使得手机病毒乘虚而入，4G 无线网络的迅猛发展，加速了手机病毒的传播速度和危害程度。

使用手机上网功能时，应在正规网站下载，当收到带有病毒的短信或邮件应该立即删除，避免感染其他文件。

五、计算机病毒的工作过程

计算机病毒的工作过程一般如图 1-16 所示。可以看出，计算机病毒的工作过程包括以下几个关键步骤：感染源或本体，激活，注入内存，触发，感染别的介质。

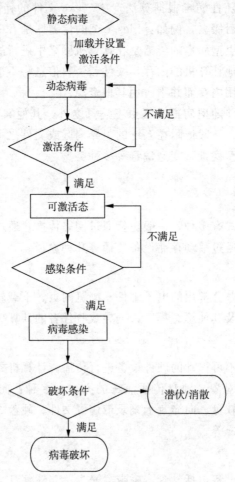

图 1-16　计算机病毒的工作过程

计算机病毒的工作过程分为以下几个步骤：

（1）存放在计算机内的静态病毒通过加载并设置激活条件，变成动态病毒。

（2）动态病毒在满足激活条件的情况下，变成可激活态。如若不满足激活条件，则保持动态病毒状态，等待激活时机进行触发。

（3）变成可激活态的计算机病毒在感染条件满足的情况下，变成病毒进行感染。如若不满足感染条件，则保持可激活态，等待感染时机进行触发。

（4）病毒感染在满足破坏条件的情况下，变成病毒破坏系统。若不满足破坏条件，则潜伏或消散在其他系统文件内，等待时机进行触发。

六、计算机病毒的防范

为了保护计算机信息安全，我国在 1994 年 2 月 18 日由国务院颁布实施了《中华人民共和国计算机信息系统安全保护条例》。为了更有效地打击故意制造并传播计算机病毒的行为，我国第八届五次人大会议在 1997 年 3 月 14 日修订的《中华人民共和国刑法》第一百八十六条中将故意制作、传播计算机病毒等破坏性程序，影响计算机系统正常运行，后果严重的行为规为犯罪，并可处五年以下有期徒刑或者拘役。

计算机病毒的防范可以从管理与技术两个方面进行。

1. 管理方面

（1）不使用盗版或来历不明的软件，特别是不能使用盗版的杀毒软件。

（2）新购买的电脑在使用之前首先要进行病毒检查，以免机器带有其他病毒。

（3）准备一张干净的系统引导盘，并将常用的工具软件拷贝到该盘上，然后妥善保存。此后一旦系统受到病毒侵犯，我们就可以使用该盘引导系统，进行检查、杀毒等操作。

（4）对外来程序要使用查毒软件进行检查，未经检查的可执行文件不能拷入硬盘和使用。

（5）尽量不要使用软盘启动计算机。

（6）将硬盘引导区和主引导扇区备份下来，并经常对重要数据进行备份。

（7）当使用移动存储设备如 U 盘等拷贝其他电脑文件后，应及时查杀，以防感染。

2. 技术方面

技术方面包括硬件预防与软件预防。

（1）硬件预防。硬件预防是指通过防病毒卡等硬件来防御病毒的入侵，防病毒卡具有抗病毒能力强、主动防御、自身抗病毒等优点，能够有效地预防病毒的感染。

（2）软件预防。软件预防是指通过安装有效的病毒预防软件来防御病毒入侵。如安装病毒预防软件，使预防软件常驻内存之中，当发生病毒入侵时，及时报警中止处理，避免病毒感染计算机内的文件。

本章知识点小结

（1）第一台计算机是电子数字积分计算机，简称 ENIAC。学生需要掌握计算机的发展历程、特点，并根据生活中实例总结计算机的应用以及发展趋势。

（2）一台完整的计算机由硬件和软件组成，学生需要理解冯·诺依曼计算机的工作原理，计算机硬件的组成部分及特点，计算机的软件分类及特点。

（3）数制之间的转换是本章的重点内容，进制分为十进制与非十进制。二进制、八进制、十六进制统称为非十进制，通过本章内容的学习，学生需要掌握十进制与非十进制的表示方式，非十进制与十进制的转换过程以及非十进制之间的转换。

（4）美国标准信息交换码（ASCII）是国际上应用较为广泛的编码方式。通过本章内容的学习，学生需要掌握数据的编码方式，并识记英文字母的 ASCII 值以及它们之间的关系。

（5）信息是有效的消息，媒体是承载信息的载体。学完本章内容学生需要理解媒体与多媒体的概论，掌握多媒体的分类，并能够指出多媒体的具体特点。

（6）计算机病毒本质上是一种可执行程序代码，具有破坏性、传播性、潜伏性、寄生性、不可预见性等，可以通过多种途径进行传播，需要用户从管理和技术两个方面做好计算机病毒的防范措施。

课后习题

1. 单项选择题

（1）世界上第一台计算机的英文全称是（　　　）。

A. ENIAC　　　　　　　B. ENIBC　　　　　　　C. EAVBC　　　　　　D. EINAC

（2）第一代计算机采用的逻辑元件是（　　　）。

A. 晶体管　　　　　　　　　　　　B. 电子管

C. 中小规模集成电路　　　　　　　D. 大规模集成电路

（3）目前计算机应用最广泛的是（　　　）。

A. 计算机辅助教育　　B. 网络安全　　　　C. 科学计算　　　　D. 信息处理

（4）计算机和应用包括CAE，其中文全称是（　　　）。

A. 计算机辅助设计　　　　　　　　B. 计算机辅助教学

C. 计算机辅助教育　　　　　　　　D. 计算机辅助学习

（5）下列说法错误的是（　　　）。

A. 计算机运算速度快、精度高　　　B. 计算机存储容量大

C. 计算机具有自动化能力　　　　　　　D. 计算机不具有逻辑判断能力

(6) 计算机能够执行的语言是（　　）。

A. 机器语言　　　　　B. 汇编语言　　　　　C. 高级语言　　　　　D. 语音

(7) 计算机内部所有的指令数据都是以（　　）形式进行存储的。

A. 十进制　　　　　　B. 二进制　　　　　　C. 八进制　　　　　　D. 十六进制

(8) 存储容量的基本单位是（　　）。

A. 位　　　　　　　　B. 字节　　　　　　　C. ASCII　　　　　　　D. 二进制

(9) 汉字"小李"在计算机内部占（　　）个字节。

A. 1　　　　　　　　　B. 2　　　　　　　　　C. 4　　　　　　　　　D. 8

(10) 英文字母序列"abcd"在计算机内部需要（　　）位。

A. 4　　　　　　　　　B. 8　　　　　　　　　C. 16　　　　　　　　D. 32

(11) 一个容量为 16G 的 U 盘相当于（　　）kB。

A. 2^{14}　　　　　　　　B. 2^{20}　　　　　　　　C. 2^{24}　　　　　　　　D. 2^{34}

(12) 我们常说的容量 8G，在计算机内部占（　　）位。

A. 2^{16}　　　　　　　　B. 2^{26}　　　　　　　　C. 2^{36}　　　　　　　　D. 2^{46}

(13) 以下（　　）是不合法的八进制。

A. 5678　　　　　　　B. 3456　　　　　　　C. 7176　　　　　　　D. 1234

(14) 将二进制 110011 转换成十进制的结果为（　　）。

A. 50　　　　　　　　B. 51　　　　　　　　C. 51　　　　　　　　D. 52

(15) 八进制 512 对应的二进制数为（　　）。

A. 101001010　　　　B. 101001110　　　　C. 101101010　　　　D. 110001010

(16) 将十进制数 100 转换成二进制数为（　　）。

A. 1100100　　　　　B. 1100101　　　　　C. 1100110　　　　　D. 1100111

(17) 冯·诺依曼计算机的主要设计思想是（　　）。

A. 编译程序　　　　　B. 高级语言　　　　　C. 程序存储　　　　　D. 程序设计

(18) 以下不属于多媒体特点的是（　　）。

A. 交互性　　　　　　B. 非线性　　　　　　C. 线性　　　　　　　D. 集成性

(19) 下面 ASCII 值最大的是（　　）。

A. b　　　　　　　　　B. c　　　　　　　　　C. A　　　　　　　　　D. B

(20) 我们平时用的网线属于（　　）。

A. 存储媒体　　　　　B. 表示媒体　　　　　C. 传输媒体　　　　　D. 显示媒体

2. 填空题

(1) 第二代计算机采用的逻辑元件是_____。

(2) 冯·诺依曼提出了计算机由五大部件组成，分别为运算器、_____、_____、_____、_____。

(3) 第一台计算机 ENIAC 的全称是_____。

(4) 一个字节相当于_____位。

(5) 将十进制 50.25 转换成二进制的结果是_____。

(6) 目前国际上应用最广泛的编码是 ASCII，它的中文全称是_____，一个字节代表一个编码，其中字母 D 的 ASCII 值是_____。

(7) 二进制 11101001 转换成十六进制的结果是_____，转换成八进制的结果是_____。

(8) 电视上的动画片中不但有好看的动画人物，而且有动听的声音，也有丰富的字幕等，这体现了多媒体的_____。

(9) 中央处理器包括_____和_____，前者可以进行算术运算和逻辑运算。

(10) 一首音乐大约 6.6MB，则一个 16G 的 U 盘可以存储歌曲_____首。

3. 计算题

(1) 将（2ACF1）$_{16}$ 转换成十进制，写出计算过程。

(2) 将 100.25 转换成二进制，写出计算过程。

(3) 二进制 11100101101 转换成八、十六进制，写出计算过程。

(4) 将 200.2 转换成八进制，写出计算过程。

4. 简答题

(1) 计算机的特点是什么。

(2) 计算机硬件一般包括哪五部分？软件又可以分为哪几部分？

(3) 计算机的内存与外存有什么区别和联系，列举生活中三个常用的外存储器。

(4) 媒体与多媒体有何区别？

(5) 请写出多媒体的特点。

5. 论述题

(1) 简述计算机在你日常生活中的应用。

(2) 简述冯·诺依曼计算机的工作原理和设计思想。

第二章 Windows 7 操作系统

　　操作系统（operating system，OS）是计算机系统中重要的系统软件，是系统的控制中心，是管理系统中各种软件和硬件资源、使其得以充分利用并方便用户使用计算机系统的程序的集合。计算机操作系统位于计算机硬件和用户之间。一方面，它采用合理的方法组织多个用户共享计算机的各种资源，最大限度地提高资源利用率；另一方面，它为用户提供一个良好的使用计算机的环境，将裸机改造成一台功能强、服务质量高、使用灵活、安全可靠的虚拟机。

　　Windows 操作系统，是微软（Microsoft）公司于 1985 年推出的微机操作系统，经过30 多年的发展，从最早期的 Windows 1.0 版，发展到今天的 Windows Vista、Windows 7、Windows 8、Windows 10，前后更新了十多个版本。Windows 7 是微软公司于 2009 年10 月发布的，它有多个版本，分别是简易版（Starter，只提供给 OEM 厂商进行预装）、家庭普通版（Home Basic）、家庭高级版（Home Premium）、专业版（Professional）、企业版（Enterprise）和旗舰版（Ultimate）。

第一节 Windows 7 基本操作

一、Windows 7 启动和关闭

　　（1）开机：打开显示器，再按下主机电源按钮，如系统安装正常，将直接出现 Windows 7 开始启动的界面，如图 2-1 所示。

图 2-1　Windows 7 开机启动界面

　　（2）关闭计算机：打开开始菜单，单击【关机】按钮，保存用户数据，关闭所有程

序，切断主机电源。

（3）强制关机：长按电源按钮或按 reset 键，强行断电重启计算机，可能会丢失正在运行的未保存数据，当操作系统发生严重错误而无法正常操作时采用。

（4）重启：打开开始菜单，单击【关机】按钮后的箭头，选择【重新启动】。用于系统配置、部分软硬件安装结束后，需要重启计算机。

（5）切换用户：单击【切换用户】命令，可以使计算机在当前用户所运行的程序和文件仍然打开的情况下，允许其他用户进行登录。

（6）注销：单击【注销】按钮，关闭所有用户程序，退出当前用户，进入用户登录界面。此操作对操作系统出现一些异常时，可以先使用注销并重新登录，观察问题是否解决，如果还不行，则尝试重启操作系统。

（7）锁定：单击【锁定】命令，可使计算机在用户不退出系统的情况下，将计算机返回到用户登录界面。

（8）睡眠：单击【睡眠】命令，计算机进入睡眠状态。此时屏幕没有任何显示（类似关机状态），但主机又保持着立即可用的状态，系统并未退出，计算机只是处于低消耗状态。

（9）休眠：单击【休眠】命令，计算机进入休眠状态。此时计算机会将内存中的所有数据自动保存到硬盘中，然后关机。下次一开机，就会进入休眠前的工作状态。

二、认识桌面

登录 Windows 7 系统后，出现在眼前的就是系统桌面（也叫桌面）用户完成各种工作都是在桌面上进行的（如图 2-2 所示）。

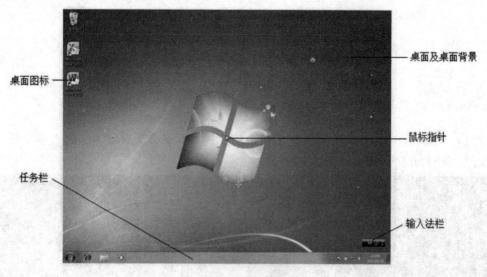

图 2-2　系统桌面

在 Windows 系列操作系统中，"桌面"是一个重要的概念，指的是当用户启动并登录操作系统后，用户所看到的一个主屏幕区域。桌面是用户进行工作的一个平面，形象地说，就像人们平时用的办公桌，可以在上面展开工作。

三、桌面图标

桌面图标就是整齐排列在桌面上的一系列图片，代表文件、文件夹、程序和其他项目，这样的图片由图标和图标名称两部分组成。有的图标左下角有一个箭头，这些图标被称为"快捷方式"，双击这些图标可以快速地打开相应的窗口或者启动相应的程序。常用的桌面图标有【计算机】、【回收站】、【网络】和【IE 浏览器】等。

在这里要注意区分文件图标上没有箭头，快捷方式图标的左下角有一个箭头（如图 2-3）。

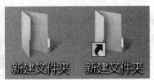

图 2-3　文件、文件夹和快捷方式

1. 对桌面图标的基本操作

（1）通过鼠标指向查看图标的提示信息，例如移动鼠标指向"计算机"图标，将显示有关"计算机"的提示信息。

（2）通过鼠标左键单击图标，该图标被选中。

（3）通过鼠标右键单击图标，弹出快捷菜单，可以选择快捷菜单中的选项完成相应的操作。

（4）鼠标指向图标，按下鼠标左键并保持，将图标拖动到桌面的其他位置，再松开鼠标按钮。拖动操作一般用于移动或复制某个项目。

（5）在桌面按住左键拖动鼠标，画出一个矩形，被矩形覆盖的图标均被选中。

（6）通过鼠标双击图标打开应用程序。

2. 添加系统图标

用户第一次进入 Windows 7 操作系统的时候，会发现桌面上只有一个回收站图标，诸如计算机、网络、用户的文件和控制面板这些常用的系统图标都没有显示在桌面上，因此需要在桌面上添加这些系统图标，如图 2-4 所示。

图 2-4　桌面图标设置

3. 添加其他快捷方式图标

除了可以在桌面上添加系统快捷方式图标外，还可以添加其他应用程序或文件夹的快捷方式图标。一般情况下，安装一个新的应用程序后，都会自动在桌面上建立相应的快捷方式图标。如果该程序没有自动建立快捷方式图标，可采用以下方法来添加。

在程序的启动图标上右击鼠标，选择【发送到】→【桌面快捷方式】命令，即可创建一个快捷方式，并将其显示在桌面上。

4. 桌面图标的排列和重命名

在当桌面上的图标杂乱无章地排列时，用户可以按照名称、大小、类型和修改日期来排列桌面图标。另外用户还可以根据自己的需要和喜好为桌面图标重新命名。一般来说，重命名的目的是为了让图标的意思表达得更明确，以方便用户使用。

排列图标：在桌面空白区域点击右键，在打开的列表中选择【排序方式】，根据需要点击依照某一特性来排序。

重命名图标：在图标上右键单击，在弹出的列表中选择【重命名】，输入新名称即可（如图 2-5 所示）。

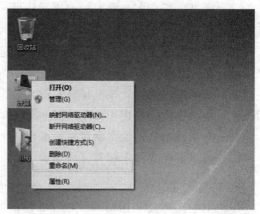

图 2-5　图标排序和图标重命名

四、【开始】菜单

【开始】菜单是 Windows 操作系统中的重要元素，其中存放了操作系统或系统设置的绝大多数命令，而且还可以使用当前操作系统中安装的所有程序

通过【开始】菜单启动应用程序既方便又快捷，但是在旧版本的操作系统中，随着系统中安装程序的增多，【开始】菜单也会变得非常庞大，要找到某个程序需要使用肉眼来搜索。Windows 7 中的【所有程序】菜单将以树形文件夹结构来呈现，无论有多少快捷方式，都不会超过当前【开始】菜单所占的面积，使用户查找程序更加方便。

在 Windows 7 操作系统中，【开始】菜单主要由固定程序列表、常用程序列表、所有程序列表、用户头像、启动菜单列表、搜索文本框和控制按钮组等组成，如图 2-6 所示。

图 2-6 开始菜单

1. 【搜索】文本框

Windows 7 的【开始】菜单中加入强大的搜索功能，通过使用该功能，使查找程序更加方便，这就是搜索文本框，如图 2-7 所示。

图 2-7 搜索

2. 自定义【开始】菜单

用户可通过自定义的方式更改【开始】菜单中显示的内容。例如，用户可更改【开始】菜单中程序图标的大小和显示程序的数目等。开始菜单上点击右键，选择属性就可以打开【任务栏和「开始」菜单属性】，使用窗口中的开始菜单选项卡，如图 2-8 所示。

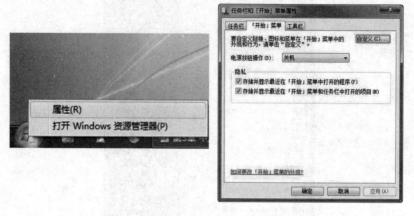

图 2-8　任务栏和「开始」菜单属性

五、任务栏

任务栏主要包括【开始】按钮、快速启动栏、已打开的应用程序区（包括已打开的应用程序和空白区域）、语言栏和时间及常驻内存的应用程序区等几部分组成，如图 2-9 所示。

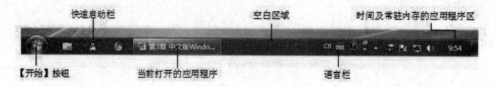

图 2-9　任务栏

1. 把程序锁定到任务栏（快速启动程序）

频繁使用的程序为了方便，可以直接锁定到任务栏，在需要锁定的程序图标上右键，选择"锁定到任务栏"，如图 2-10 所示。

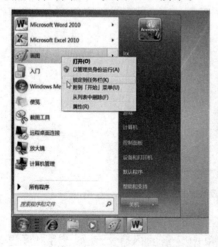

图 2-10　将图标锁定到任务栏

2. 任务栏图标灵活排序

在 Windows 7 操作系统中，任务栏中图标的位置不再是固定不变的，用户可根据需要任意拖动改变图标的位置。如图 2-11 所示，用户使用鼠标拖动的方法即可更改图标在任务栏中的位置。

单击任务栏中的图标即可打开对应的应用程序，并由图标转化为按钮的外观，用户可根据按钮的外观来分辨未运行的程序图标和已运行程序窗口按钮的区别，如图 2-11 所示。

图 2-11　任务栏图标顺序调整和程序运行状态

任务进度监视与显示桌面：

在 Windows 7 操作系统中，任务栏中的按钮具有任务进度监视的功能。例如用户在复制某个文件时，在任务栏的按钮中同样会显示复制的进度，如图 2-12（a）所示。

当桌面上打开的窗口比较多时，用户若要返回桌面，则要将这些窗口一一关闭或者最小化，这样不但麻烦而且浪费时间。其实 Windows 7 操作系统在任务栏的右侧设置了一个矩形的【显示桌面】按钮，如图 2-12（b）所示。当用户单击该按钮时，即可快速返回桌面，再单击该按钮就可返回之前的显示。

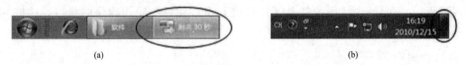

(a)　　　　　　　　　　　　　　　　　　(b)

图 2-12　任务进度查看和显示桌面按钮

3. 自动隐藏任务栏

如果用户打开的窗口过大，窗口的下方将被任务栏覆盖，因此需要将任务栏进行自动隐藏，这样可以给桌面提供更多的视觉空间。方法是在任务栏空白区域右键，选择属性就可以打开【任务栏和「开始」菜单属性】对话框，使用对话框中的任务栏选项卡，如图 2-13 所示。

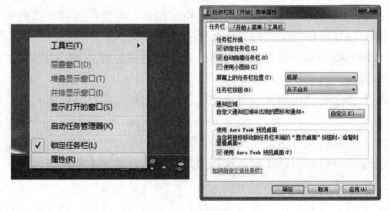

图 2-13　自动隐藏任务栏

4. 调整任务栏的位置和锁定任务栏

在默认状况下，Windows 7 系统里的任务栏位于屏幕的底部，但是任务栏的位置并非只能摆放在桌面的最下方，用户可根据喜好将任务栏摆放到桌面的上方、左侧或右侧。

要调整任务栏的位置，应先右击任务栏的空白处，在弹出的快捷菜单中取消【锁定任务栏】选项。然后将鼠标指针移至任务栏的空白处，按住鼠标左键不放并拖动鼠标至桌面的左侧，即可将任务栏拖动至桌面的左侧。另外，在【任务栏和「开始」菜单属性】对话框的【屏幕上的任务栏位置】下拉列表中，也可选择任务栏的位置。

自定义通知区域：

任务栏的通知区域显示的是计算机中当前运行的某些程序的图标，例如 QQ、迅雷、安全软件等。如果打开的程序过多，通知区域会显得杂乱无章。Windows 7 操作系统为通知区域设置了一个小面板，程序的图标都存放在这个小面板中，这为任务栏节省了大量的空间。另外，用户还可自定义任务栏通知区域中图标的显示方式，以方便操作。

方法是在【任务栏和「开始」菜单属性】中，选择通知区域中的自定义按钮。

六、认识 Windows 7 窗口

窗口是 Windows 操作系统中的重要组成部分，很多操作都是通过窗口来完成的。窗口相当于桌面上的一个工作区域，用户可以在窗口中对文件、文件夹或者某个程序进行操作。

在 Windows 7 中最为常用的就是【计算机】窗口和一些应用程序的窗口，这些窗口的组成元素基本相同。

1. 窗口的组成

（1）窗口控制行，窗口控制行位于窗口的第一行。用于资源管理器窗口显示的控制。窗口控制行最左侧隐藏了控制菜单，单击可显示。通过控制菜单可改变窗口尺寸，移动、最大化、最小化和关闭窗口。右击窗口控制行的空白位置也可打开控制菜单。用鼠标拖动窗口控制行，可以改变窗口在桌面的位置。

（2）地址栏，地址栏不是所有应用程序都有的。资源管理器的地址栏位于窗口的第二行，用于显示当前打开文件夹的路径。可以直接在地址栏输入路径，以打开指定文件夹。地址栏中每个路径均由不同的按钮组成，单击指定按钮，可打开相应的文件夹。单击按钮右侧的箭头，将弹出该按钮对应文件夹内的所有子文件夹。

（3）控制按钮，位于窗口控制行的右侧 。它有两种组合：最小化、最大化和关闭；最小化、还原和关闭。

·【最小化】按钮将使应用程序窗口缩小为一个图标，保存在任务栏上，即将应用程序转为后台工作。

·【最大化】按钮将使应用程序窗口扩大到整个屏幕。

·【还原】按钮将使应用程序窗口恢复为最大化以前的大小和位置。

·【关闭】按钮将关闭当前的应用程序窗口，使其退出运行。

·【后退】和【前进】按钮，使用【后退】或【前进】按钮可以方便的打开刚刚访问过的文件夹。

（4）菜单栏，菜单栏位于窗口第三行，包含了供用户使用的各类命令，单击某菜单选项，将出现相应的子菜单，选择子菜单中的命令，即可实现相应的操作。如果资源管理器窗口没有菜单栏，可以单击【组织】菜单→【布局】→【菜单栏】，即可显示菜单栏。

（5）工具栏，工具栏位于窗口的第四行。每个工具按钮代表一项操作。当鼠标指针指向这些按钮时，系统将会显示有关按钮功能的提示。

（6）导航窗格与状态栏，导航窗格与状态栏位于窗口的最下边。导航窗格用于显示当前选定文件或文件夹的详细信息，包括应用程序名字与图标、文件或文件夹的名字、修改日期、大小等信息。状态栏主要显示当前选中了几个对象。如果窗口中没有状态栏，可以选择【查看】菜单中的【状态栏】命令，以显示状态栏的信息。

（7）主窗口区，资源管理器主窗口分为两部分，左边窗口区用于显示以树状结构组织的所有文件夹，称为导航窗口；右边窗口区用于显示所选中的某个文件夹、驱动器或桌面的内容，称为内容窗口。

（8）预览窗口，单击工具栏中的【预览窗格】按钮，打开预览窗口。使用预览窗格可以预览大多数文件的内容。（如图 2-14 所示）

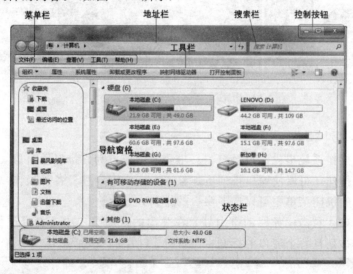

图 2-14　窗口的组成

2. 窗口的操作

（1）移动窗口：用鼠标选中标题栏，按住鼠标左键拖动，可以上下、左右地移动窗口，改变窗口的位置，直到满意为止。

（2）改变窗口的大小：将鼠标指针指向窗口的上下左右边缘，当指针变为双向箭头时，按住鼠标左键进行拖动，可以使窗口纵向变大或缩小。

（3）使用水平和垂直滚动条：滚动条是用来帮助显示窗口内容的。当指定选项的信息或整个文本不能在窗口内全部显示出来时，在窗口的下端或右侧将出现水平或垂直的滚动条。

（4）使用展开按钮与折叠按钮：在资源管理器中的"文件夹窗口"，经常进行文件系统的展开和折叠操作。展开文件夹是为了显示文件夹的层次结构以找到所需要的文件夹；折叠文件夹是为了压缩展开的文件夹层次结构，便于对其他文件夹的查找与选择。

· 带有展开按钮"＋"的驱动器或文件夹，表示还有下一级子文件夹，单击"＋"号，即可显示其下一级子文件夹。

· 带有折叠按钮"－"的驱动器或文件夹，表示该驱动器或文件夹的下一级子文件夹已经显示，单击"－"号，则关闭下级子文件夹的显示。

· 不带任何按钮的驱动器或文件夹表示没有子文件夹，因此，不存在展开和折叠的问题。

3. 窗口的同步预览与切换

当用户打开了多个窗口时，经常需要在各个窗口之间切换。Windows 7 提供了窗口切换时的同步预览功能，可以实现丰富实用的界面效果，方便用户切换窗口（如图 2-15 所示）。

（1）【Alt＋Tab】键预览窗口；

（2）【Win＋Tab】键的 3D 切换效果；

（3）通过任务栏图标预览窗口。

图 2-15　窗口的预览和切换

4. 多个窗口的排列

Windows 7 操作系统提供了层叠窗口、堆叠显示窗口和并排显示窗口 3 种窗口排列方法。通过多窗口排列，可以使窗口排列更加整齐，方便用户进行各种操作。右击任务栏的空白处，在弹出的快捷菜单中可以选择窗口的排列方式。

（1）层叠窗口：右击任务栏的空白处，在弹出的快捷菜单中选择【层叠窗口】命令，可以使窗口纵向排列且每个窗口的标题栏均可见。（如图 2-16 所示）

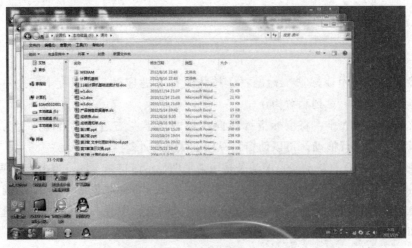

图 2-16　层叠窗口

（2）堆叠显示窗口：右击任务栏的空白处，在弹出的快捷菜单中选择【堆叠显示窗口】命令，可以使窗口堆叠显示。（如图 2-17 所示）

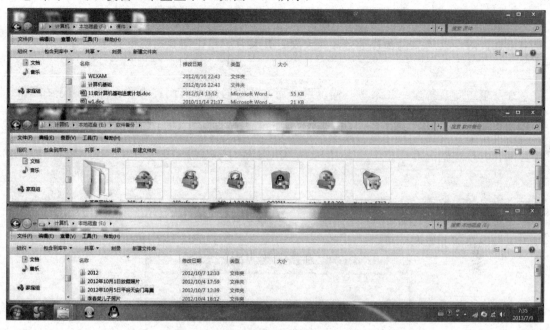

图 2-17　堆叠窗口

（3）并列显示窗口：右击任务栏的空白处，在弹出的快捷菜单中选择【并列显示窗口】命令，可以使每个打开的窗口均可见且均匀地分布在桌面上。（如图 2-18 所示）

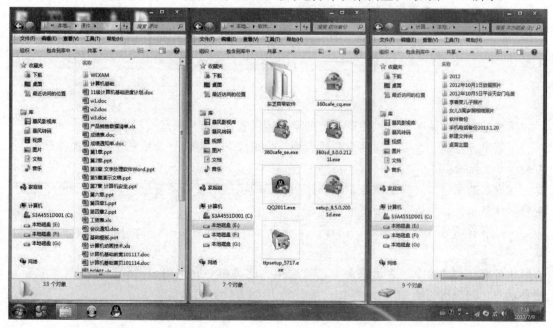

图 2-18　并排显示窗口

七、认识 Windows 7 的菜单

菜单位于 Windows 窗口的菜单栏中，是应用程序中命令的集合。菜单栏通常由多层菜单组成，每个菜单又包含若干个命令。要打开菜单，单击需要打开的菜单项即可。

1. 认识各种菜单命令

在菜单中，有些命令在某些时候可用，而在某些时候不可用；有些命令后面还有级联的子命令。一般来说，菜单中的命令包含以下 6 种（如图 2-19 所示）。

- 可用命令与暂时不可用的命令。
- 含有快捷键的命令。
- 带有字母的命令。
- 带省略号的命令。
- 复选命令和单选命令。
- 快捷菜单和级联菜单。

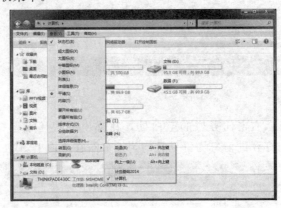

图 2-19　菜单命令

2. 认识菜单标记

菜单标记是在菜单中显示不同标记的菜单项（如图 2-20 所示）。

- 菜单分组线。命令之间的浅色线条称为分组线，它将命令分成若干组，这种分组是按命令功能组合的。
- 变灰的命令。正常的命令是用黑体字显示的，用户可以随时选用。变灰的命令是用灰色字体显示的，它表示当前不能使用。
- 带有省略号（?）的命令。选择该类命令时，将会弹出一个对话框，要求用户输入某些信息。
- 带有对勾的命令。表示该命令已被选用。此类命令允许用户在"选中"与"放弃"两种状态之间进行切换 。
- 带有"●"的命令。表示该命令已被选用。在同组的命令中，只能有一个命令被选用。
- 带有右箭头的命令。表示该命令还有下一级子菜单。

• 名字后带有组合键的命令。组合键是一种快捷键，用户可以直接从键盘按下组合键以执行相应的命令。

• 命令后面的字符。这也是一种快捷键，用户可以使用"Alt＋指定字符"的组合键，直接从键盘打开菜单。

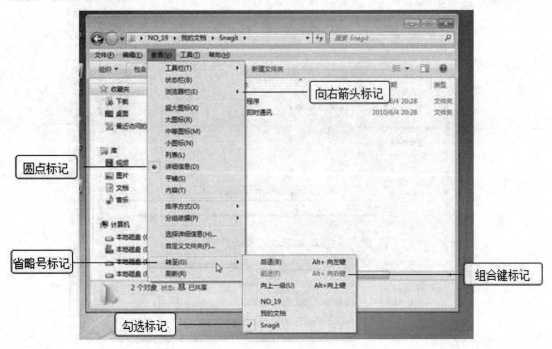

图 2-20　菜单标记

3. 选择菜单

使用鼠标选择 Windows 窗口的菜单时，只需单击菜单栏上的菜单名称，即可打开该菜单。将鼠标指针移动至所需的命令处单击，即可执行所选的命令。在使用键盘选择菜单时，用户可按下列步骤进行操作。

第一步：按【Alt】键或【F10】键时，菜单栏的第一个菜单项被选中。然后利用左、右光标键选择需要的菜单项。

第二步：按【Enter】键打开选择的菜单项。

第三步：利用上、下光标键选择其中的命令，然后按 Enter 键即可执行该命令。

八、认识 Windows 7 的对话框

对话框是 Windows 操作系统中的一个重要元素，它是用户在操作计算机的过程中系统弹出的一个特殊窗口。对话框是用户与系统之间进行信息交流的窗口，在对话框中用户通过对选项的选择和设置，可以对相应的对象进行某项特定的操作。

Windows 7 中的对话框多种多样，一般来说，对话框中的可操作元素主要包括命令按钮、选项卡、单选按钮、复选框、文本框、下拉列表框和数值框等，但要注意，并不是所

有的对话框都包含以上所有的元素。

1. 文本框

文本框是对话框中的一个空白区域，在文本框的空白处单击，在框内会出现光标插入点，在其中可以输入文字（如图 2-21 所示）。

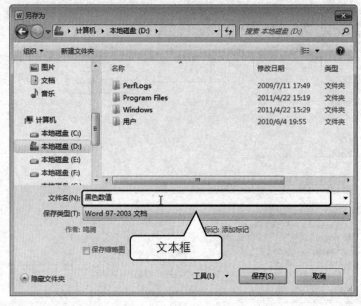

图 2-21　文本框

2. 列表框

列表框中包含已经展开的列表项，单击准备选择的列表项，即可完成相应的选择操作（如图 2-22 所示）。

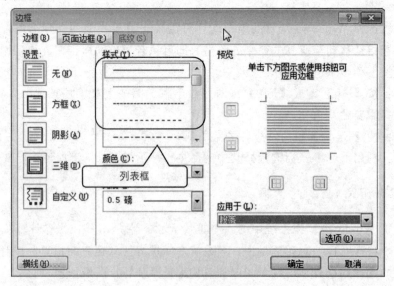

图 2-22　列表框

3. 下拉列表框

下拉列表框与列表框类似，单击下拉箭头，可以展开下拉列表框，查看下拉列表项（如图 2-23 所示）。

图 2-23　下拉列表框

4. 复选、单选框

复选框可以同时选择多个选项，单选框只能选中一项命令，是图形界面上的一种控件，单击复选、单选框，即可完成选择相应的选择操作。（如图 2-24 所示）

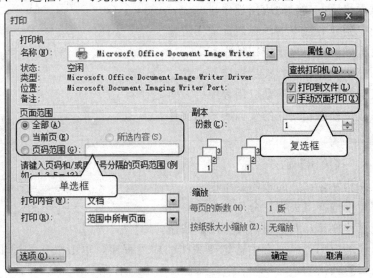

图 2-24　单选框和复选框

5. 选项卡

设置选项的模块，每个选项卡代表一个活动的区域，单击准备选择的选项卡，可以完成相关的操作。(如图 2-25 所示)

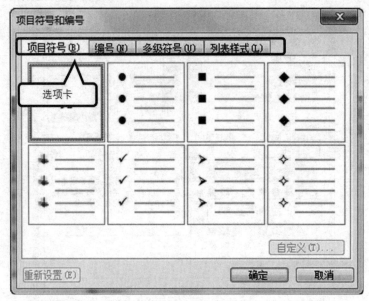

图 2-25　选项卡

九、启动和退出应用程序

1. 启动应用程序的方法

· 通过桌面快捷方式启动应用程序。

· 通过锁定到任务栏中的图标启动应用程序。

· 通过【开始】菜单启动应用程序。

· 通过浏览驱动器和文件夹启动应用程序。

· 通过【运行】对话框启动应用程序。

· 打开与应用程序相关联的文档或数据文件。

2. 退出应用程序

· 【文件】→【关闭】命令。

· 双击应用程序窗口上的控制菜单框。

· 控制菜单中选择【关闭】命令。

· 单击应用程序窗口右上角的【关闭】按钮。

· 在任务栏的应用程序列表中选定要关闭的应用程序，单击鼠标右键出现快捷菜单，单击【关闭窗口】项。

· 按【Alt＋F4】键。

· 当某个应用程序不再响应用户的操作时，可以使用【Windows 任务管理器】窗口，结束该应用程序所对应的任务和或进程。

十、剪贴板的使用

剪贴板是 Windows 中各应用程序之间进行信息共享与交换的重要媒介，它是一个临时的内存区域，通过剪贴板可以在不同的应用程序之间（如 Word、Excel）、相同应用程序的不同文档之间、同一文档的不同位置上传送文本、图形、图像和声音等信息。传送信息的过程是先将要传送的内容送入剪贴板，然后再将剪贴板中的内容传送到指定位置。使用剪贴板的操作有剪切、复制和粘贴。

1. 将信息复制到剪贴板

（1）选定要复制的信息，使之突出显示。

（2）选择应用程序【编辑】菜单中的【剪切】（或使用快捷键【Ctrl＋X】）或【复制】（或使用快捷键【Ctrl＋C】）命令。

2. 从剪贴板中粘贴信息

（1）首先确认剪贴板上已有要粘贴的信息；

（2）切换到要粘贴信息的应用程序，并将光标定位到要放置信息的位置上；

（3）选择该程序【编辑】菜单中【粘贴】（或使用快捷键【Ctrl＋V】）命令。

3. 使用剪贴板截屏

使用键盘上的【Print Screen】（或标为 PrtScn）键，可以把整个屏幕的画面送入剪贴板；而同时按下【Alt＋PrtScn】键，可以把当前的活动窗口的画面送入剪贴板。再使用粘贴命令时，即可将画面放入所需位置，例如 Word 文档或者绘图程序中。

第二节 文件管理

在 Windows 操作系统中，文件管理主要是指对磁盘、文件和文件夹的管理，而磁盘、文件和文件夹三者存在着包含和被包含的关系。

一、磁盘、文件和文件夹的概念和关系

• 磁盘，通常就是指计算机硬盘上划分出的分区，用来存放计算机的各种资源。

• 文件是各种保存在计算机磁盘中信息和数据，如一首歌、一部电影、一份文档、一张图片、一个应用程序等

• 为了便于管理文件，在 Windows 系列操作系统中引入了文件夹的概念。简单地说，文件夹就是文件的集合。

在 Windows 7 中我们对文件进行管理主要是通过资源管理器。

打开资源管理器的方法有很多种，但最常用的是在开始菜单上单击鼠标右键，在快捷

菜单中选择【Windows 资源管理器】。

1. 磁盘分区和盘符

（1）计算机中的最主要的存储设备为硬盘，但是一般情况使用硬盘前，需要根据硬盘大小将其划分成多个空间，划分的空间即为磁盘分区（如图 2-26 所示）。

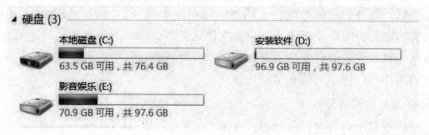

图 2-26 磁盘分区

（2）将硬盘划分为多个磁盘分区后，为区分每个磁盘分区，可将其命名为不同的名称，如"安装软件（D:）""影音娱乐（E:）"等，这样的磁盘分区名称即为盘符。需要注意的是，一般情况下，操作系统安装在硬盘上的第一个分区中，也就是 C 盘上。

2. 文件

在 Windows 7 系统中，文件是以单个名称在计算机中存储的信息的集合，是最基础的储存单位。每个文件有一个文件名，系统通过文件名对文件进行组织管理。

Windows 7 操作系统中的文件名最多可由 255 个字符组成。

文件名的组成与使用规则如下。

• 文件名允许使用空格，查询文件时允许使用通配符"＊"和"？"。

• 文件名允许使用多间隔符，最后一个间隔符后的字符被认为是扩展名。

• 文件名中不允许出现下列字符：？＼ ＊"＜＞｜。

• 保留用户指定的大小写格式，在管理文件时不区分大小写。

• 文件通常以"文件图标＋文件名＋扩展名"的形式显示（如图 2-27 所示）。

图 2-27 文件显示形式

在 Windows 7 操作系统中，文件根据存储信息的不同，分成许多不同的类型，主要包括执行文件、文本文件、支持文件、图形文件、多媒体文件、数据文件、字体文件等。而 Windows 7 系统是通过文件的扩展名来判断文件的类型的，所以扩展名的修改需要非常小心，错误的扩展名会导致 Windows 操作系统无法理解文件类型引起错误的操作（见表 2-1）。

表 2-1　文件扩展名的含义

扩展名	含义	扩展名	含义
.exe	可执行文件	.fon	字体文件
.dll	动态链接文件	.hlp	帮助文件
.dat	数据文件	.ico	图标文件
.sys	系统文件	.txt	文本文件
.bmp	位图文件	.rar、.zip	压缩包文件
.doc、.docx	Word 文档文件	.htm、.html	网页文件

3. 文件夹

文件夹是计算机中用于分类存储资料的一种工具，可以将多个文件或文件夹放置在一个文件夹中，文件夹由文件夹图标和文件夹名称组成（如图 2-28 所示）。

图 2-28　文件夹的显示形式

Windows 中的文件夹是用于存储程序、文档、快捷方式和其他文件夹的容器。计算机上的文件夹分为标准文件夹和特殊文件夹两种（如图 2-29 所示）。

图 2-29　标准文件夹和特殊文件夹

4. 磁盘、文件和文件夹的路径

路径指的是文件或文件夹在计算机中存储的位置，当打开某个文件夹时，在地址栏中即可看到进入的文件夹的层次结构，由文件夹的层次结构可以得到文件夹的路径。

路径的结构一般包括磁盘名称、文件夹名称和文件名称，它们之间用"\"隔开。例如 QQ 程序的位置使用文件路径显示为 "C：\ Program Files（x86）\ Tencent \ QQ \ Bin \ "。表明程序文件位于磁盘 C 盘下的 Program Files（x86）文件夹里，层次为 Program Files（x86）→Tencent→QQ→Bin。

5. 磁盘、文件和文件夹的关系

文件和文件夹都是存放在计算机的磁盘里，文件夹可以包含文件和子文件夹，子文件夹内又可以包含文件和子文件夹，依次类推，即可形成文件和文件夹的树形关系，如图 2-30 所示。

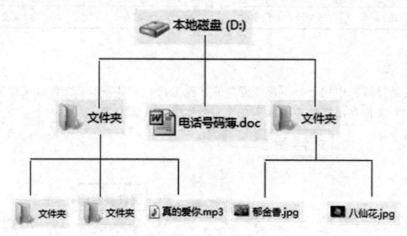

图 2-30   文件夹的结构

文件夹中可以包含多个文件和文件夹，也可以不包含任何文件和文件夹。不包含任何文件和文件夹的文件夹称为空文件夹。

二、文件和文件夹的搜索和显示

1. 搜索文件和文件夹

在 Windows 资源管理器中，搜索栏可以帮助用户快速查找文件或文件夹的位置。在搜索栏中输入要查找的文件（夹）名，并可以指定搜索范围、使用通配符、搜索筛选器协助搜索。系统会在详细信息面板显示查找到符合条件的项目。还可以对搜索内容、搜索方式进行设置。使用搜索筛选器搜索文件（夹）：单击搜索栏空白处可显示搜索筛选器，根据当前窗口所处的不同位置，搜索筛选器的内容也会有所不同。

（1）设置搜索范围：默认的搜索范围是当前窗口，但在搜索过程中或搜索结束后，都可以随时重新设置搜索范围，再次进行搜索。只要在【在以下内容中再次搜索】提示下方选择相应的目标位置即可。

（2）设置搜索内容：选择菜单栏【工具】→【文件夹选项】→【搜索】选项卡。【搜索内容】选项默认为【有索引的位置搜索文件名和内容。在没有索引的位置，只搜索文件名】，索引可以在搜索时建立（但建立索引会要较长时间，没有特别需要可以不建）。也可选择【始终搜索文件名和内容】，即在搜索栏输入的内容既可以作为文件名，也可以作为文件中的内容进行查找，当然这样要用更多的搜索时间。

（3）设置搜索方式：【搜索方式】选项中，主要设置以下三项。

①查找部分匹配：是默认选项，即不完全匹配，只要文件名或文件内容中包含了搜索的字符就算匹配，是一种模糊搜索。用这种方式搜索的结果项目相对较多，精确度差，且在这种选项下，不太合适使用通配符（若要使用通配符进行搜索，应该取消该选项）。

②通配符也称替代符，是用来表示文件名的符号。通配符有星号"＊"和问号"？"两种。"＊"通配符也称多位通配符，用来表示从所在位置开始的任意多个字符。例如"＊.exe"表示所有扩展名为 .exe 的文件，"a＊.exe"表示所有以字母"a"（包括 A）开头扩展名为 .exe 的文件。"？"号通配符也称个位通配符，用来表示所在位置上的一个任意字符。"a？.＊"表示所有以字母"a"（包括 A）开头，且主文件名只有两个字符的所有文件。

③使用自然语言搜索：选中该项可以使用逻辑运算符 and、or 和 not 来协助搜索。其书写方法及语句的含义见表 2-2。

表 2-2　文件搜索举例

自然语言搜索例句	含义
a＊.exe　and　＊p＊	搜索主文件名以 a 字母开头，且含有字母 p 的 .exe 文件
a？？.exe　or　b？？.exe	搜索所有以 a 或 b 开头，且主文件名只有 3 个字符的 .exe 文件
＊.exe　not　m＊.exe	搜索除文件名以 m 字母开头以外的所有 .exe 文件

（4）保存搜索结果：若经常要对一固定的搜索目标使用固定的搜索条件进行搜索，最好的方法就是在进行过一次搜索后，进行保存搜索结果操作。单击常用工具栏【保存搜索】命令，把以搜索条件为名称的搜索结果快捷图标添加到导航窗格的【收藏夹】中。下次只要单击导航窗格该搜索结果的快捷图标，就可打开保存的最新搜索结果。

2. 文件和文件夹的显示方式

在查看文件或文件夹时，系统提供了多种文件和文件夹的显示方式，用户可单击工具栏中的图标，在弹出的快捷菜单中有 8 种排列方式可供选择。

- 【超大图标】、【大图标】和【中等图标】，可以看到文件的缩略图。
- 【小图标】方式。
- 【列表】方式。
- 【详细信息】方式，可以查看文件和文件夹的详细信息。
- 【平铺】方式。
- 【内容】方式。

单击窗口工具栏中【更改视图】下拉箭头，在弹出的下拉菜单中选择【平铺】菜单项，设置文件和文件夹的显示方式（如图 2-31 所示）。

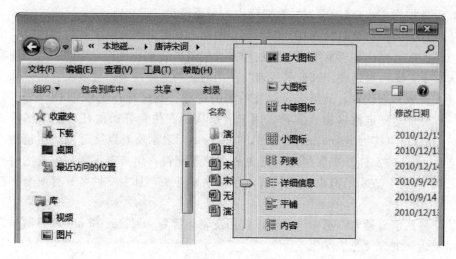

图 2-31　文件和文件夹显示方式

三、管理文件和文件夹

要想把计算机中的资源管理得井然有序，首先要掌握文件和文件夹的基本操作方法。文件和文件夹的基本操作主要包括文件和文件夹的选择、新建、移动、复制、删除、重命名和排序等。

1. 选择文件或文件夹

（1）选择单个文件：单击文件图标，使其成为高亮（蓝底白字）显示。

（2）选择多个连续文件：单击首文件，按住【Shift】键再单击末文件。

（3）选择多个不连续文件：按住【Ctrl】键依次单击或者划选文件。

（4）选择全部文件：使用【编辑】菜单中的【全选】命令，或使用快捷键【Ctrl＋A】。

（5）反向选定：使用【编辑】菜单中的【反向选择】命令。所谓"反向选定"是选中当前未被选中的所有文件和文件夹。或者先使用快捷键【Ctrl＋A】全选，然后按住【Ctrl】键选择不需要的文件。

2. 新建文件或文件夹

（1）使用文件菜单中的【新建】。

（2）在文件夹的空白区域内点击右键，使用【新建】（如图 2-32 所示）。

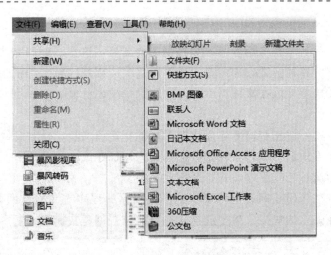

图 2-32 新建文件和文件夹

3. 复制/移动文件或文件夹

（1）复制方法 1：选择文件，点击右键选择【复制】（或者使用快捷键【Ctrl＋C】），打开目标文件夹，右键选择【粘贴】（或者使用快捷键【Ctrl＋V】）。

（2）复制方法 2：按住【Ctrl】键，并使用鼠标左键将文件或文件夹拖动到目标文件夹内。

（3）移动方法 1：选择文件，点击右键选择【剪切】（或者使用快捷键【Ctrl＋X】），打开目标文件夹，右键选择【粘贴】（或者使用快捷键【Ctrl＋V】）。

（4）移动方法 2：使用鼠标左键将文件或文件夹拖动到目标文件夹内。

4. 删除文件或文件夹

（1）选择文件→右键选择【删除】（移至回收站，可移回）。

（2）选择文件→按键盘上的【Delete】键（移至回收站，可移回）。

（3）选择文件→使用快捷键【Sihft】＋【Delete】（慎用，彻底删除，不可移回）。

回收站是系统默认存放删除文件的空间（如图 2-33 所示），一般删除文件和文件夹的时候，都会自动移动到回收站里，而不是从磁盘里彻底的删除，这样可以防止文件的误删除，当需要时可以随时从回收站里还原文件和文件夹。

图 2-33 回收站

回收站可以进行还原和清空的操作，还原是将文件和文件夹还原到原来的位置，清空会将回收站内的文件彻底删除。

5. 创建文件和文件夹的快捷方式

用户可以在桌面为一些应用程序或文档创建的图标，这些图标叫作快捷方式，它们只是相应程序或文档的路径指针，为用户提供了对这些应用程序或文档的快速访问捷径，但并不是把程序或文档直接放在桌面。因此，当删除快捷图标时，只是删除图标，而不会删除相应的程序或文档。

（1）常规创建法：首先右击要建立快捷图标的程序或文档，从快捷菜单中选择【发送到】→【桌面快捷方式】命令，系统就会在桌面为该程序或文档建立一个快捷图标，双击该图标，则会立即运行相应程序或是打开相应文档。

（2）右键拖放法：用鼠标右键将要建立快捷图标的程序或文档拖到桌面指定位置后，释放鼠标右键，在弹出的快捷菜单中选择【在当前位置创建快捷方式】命令即可。

6. 重命名文件和文件夹的名称

（1）首先选中需要改名的文件。

（2）选择【文件】菜单的【重命名】命令，或者右键图标在快捷菜单中选择【重命名】命令。

（3）此时选中的文件呈闪烁性的高亮显示，输入新的文件名，并按回车键确认。

文件夹的重命名方法和文件是一样的。但是要注意，一般不要去修改文件的扩展名，因为扩展名的修改可能会导致操作系统无法识别文件的类型，并无法用正确的应用程序打开文件。

7. 磁盘格式化

格式化可以快速清除某分区中的全部信息，主要用于对非系统盘和移动存储介质（优盘、移动硬盘和存储卡）进行快速清空和文件系统模式调整。在使用格式化之前一定要明白从操作会导致此分区中所有文件被清空（如图 2-34 所示）。

（1）启动资源管理器。

（2）用鼠标右击需要进行格式化的磁盘驱动器，在快捷菜单中选择【格式化】命令，打开"格式化"对话框。

（3）在【容量】下拉列表框中选择存储容量的大小，此项一般为默认。

（4）在【格式化选项】选项区中选择格式化的方式，一般选择【快速格式化】。

（5）如果需要给格式化的磁盘起一个名字，可以在【卷标】文本框中输入自定的名字。

（6）通过"文件系统"可以选择磁盘的存储模式：FAT32 或 NTFS，根据情况而定，一般建议 NTFS。

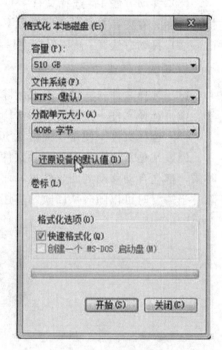

图 2-34　磁盘格式化

（7）单击"开始"按钮，磁盘格式化开始，完成后将通过对话框予以提示。

四、文件和文件夹的属性

每个文件和文件夹都有属性，它是系统赋予的一些特性和一些有用的信息，用户可以查看信息。右击文件（夹），在弹出的快捷菜单中选择【属性】命令，则弹出【属性】对话框（如图 2-35 所示）。

图 2-35　文件和文件夹属性

尽管属性对话框有所不同，但一些主要信息还是一样的，主要有：
- 是文件还是文件夹，若是文件还有文件类型、打开文件的应用程序名。
- 所处的位置和大小。
- 包含在文件夹中的文件和子文件夹的数目。
- 创建时间，若是文件还有最后的修改日期和访问日期。

1. 设置文件和文件夹的外观

文件和文件夹的图标外形都可以进行改变，文件由于是由各种应用程序生成，都有相应固定的程序图标，所以一般无须更改图标。文件夹图标系统默认下都很相似，用户如果想要将某个文件夹更加醒目特殊，可以更改其图标外形。

要更改文件夹图标，可右击该文件夹，在弹出的快捷菜单中选择【属性】命令，打开该文件夹的【属性】对话框，选择其中的【自定义】选项卡，单击【文件夹图标】栏里的【更改图标】按钮。在弹出的【更改图标】对话框内选择一张图片作为该文件夹图。然后单击【确定】按钮，即可为文件夹更换图标（如图 2-36 所示）。

图 2-36　更改文件夹图标

2. 更改文件和文件夹只读属性

对文件和文件夹设置了【只读】属性后，用户就只能对文件或文件夹的内容进行查看访问而无法进行修改。一旦文件和文件夹被赋予了只读属性，就可以防止用户误操作删除损坏该文件或文件夹。

设置文件和文件夹的只读属性，右键文件或文件夹，选择【属性】命令，打开【属性】对话框，在【常规】选项卡的【属性】栏中选中【只读】复选框，然后单击【确定】按钮。如果文件夹内有文件或子文件夹，还会弹出【确认属性更改】对话框，选择【将更改应用于此文件夹、子文件夹和文件】单选按钮，然后单击【确定】按钮，返回属性对话框，单击【确定】按钮即可完成设置。

3. 隐藏文件和文件夹

如果用户不想让计算机的某些文件或文件夹被看到，可以隐藏这些文件或文件夹。当需要查看时，再将其显示出来。

设置隐藏的方法和上面的只读属性设置基本一致，设置文件和文件夹的隐藏属性，右键文件或文件夹，选择【属性】命令，打开【属性】对话框，在【常规】选项卡的【属性】栏中选中【隐藏】复选框，然后单击【确定】按钮。如果文件夹内有文件或子文件夹，还会弹出【确认属性更改】对话框，选择【将更改应用于此文件夹、子文件夹和文件】单选按钮，然后单击【确定】按钮，返回属性对话框，单击【确定】按钮即可完成设置（如图 2-37 所示）。

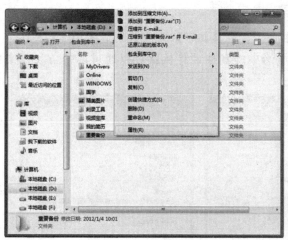

图 2-37　隐藏文件夹

设置完隐藏属性后，默认情况下文件（夹）就看不到了，当需要查看隐藏文件时可以通过设置文件夹选项来显示。方法是单击菜单栏【工具】→【文件夹选项】命令，在弹出的【文件夹选项】对话框的【查看】选项卡中进行设置（如图 2-38 所示）。

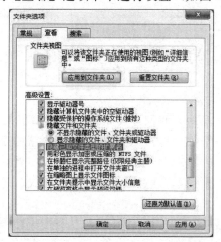

图 2-38　隐藏已知文件类型的扩展名

• 隐藏文件和文件夹：有【不显示隐藏的文件、文件夹或驱动器】与【显示所有文件、文件夹和驱动器】两个单选项，选择后者将显示包括属性设为隐藏的所有文件和文件夹。

• 隐藏已知文件类型的扩展名：选中该项，所有已知文件类型的文件都不显示扩展名。

• 在文件夹提示中显示文件大小信息：选中该项，当鼠标指针指向文件夹时，会显示该文件夹的大小以及所包含文件和子文件夹的名称。

4. 共享文件和文件夹

现在家庭或办公生活环境里经常使用多台计算机设备，而多台计算机里的文件和文件夹可以通过局域网多用户共同享用。用户只需将文件或文件夹设置为共享属性，以供其他用户查看、复制或者修改该文件或文件夹。

右键文件或文件夹，选择【属性】命令，在【共享】选项卡单击【共享】按钮。当局域网协议和防火墙设置正确时，就局域网中的其他计算机就可以通过网络访问此文件夹（如图 2-39 所示）。

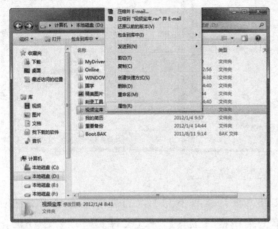

图 2-39　共享文件夹

第三节　管理计算机

在使用 Windows 系统过程中，我们主要是通过控制面板来管理计算机系统，控制面板是用来对系统进行设置的一个工具集。我们可以根据自己的爱好更改显示器、键盘、鼠标器、桌面等硬件的设置，可以安装新的硬件和软件，以便更有效地使用系统。

从开始菜单中，打开控制面板，注意右上角的查看方式，需要时在【类别】和【详细信息】两种视图模式中进行切换（如图 2-40 所示）。

图 2-40　控制面板

一、查看系统信息

1. 基本信息

单击"查看您的计算机状态",可以查看有关计算机的基本信息(如图 2-41 所示),包括:

- Windows 版本号;
- CPU 型号、内存大小;
- 系统类型,64 位或 32 位;
- Windows 激活信息,包括产品 ID,显示当前 Windows 副本是否激活。

图 2-41　计算机的基本信息

2. 设备管理器

通过设备管理器,可以查看硬件设备的状态,驱动是否安装正常,设备是否被禁用等。了解详细信息,建议使用 CPU－Z、Everest 等专业硬件检测软件。

3. 计算机名称、域和工作组

计算机名称、域和工作组主要用于在局域网中标识此计算机,通过单击"更改设置"可以更改该信息(如图 2-42 所示)。

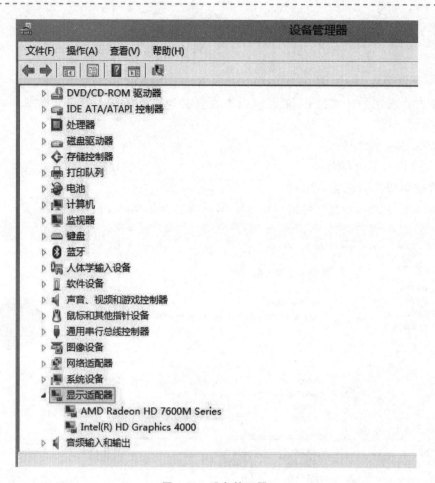

图 2-42　设备管理器

二、外观和主题

桌面的外观和主题元素是用户个性化工作环境的最明显体现，用户可以根据自己的喜好和需求来改变桌面图标、桌面背景、系统声音、屏幕保护程序等设置，让 Windows 7 系统更加适合用户自己的个人习惯。可以在控制面板中，点击【外观和个性化】，或者在桌面上右键单击空白区域，选择【个性化】。

1. 设置主题和桌面背景

主题是系统外观的一整套综合配置方案，包括桌面背景、窗口颜色、声音和屏幕保护程序。主题可以从网络上下载，或者通过点击【联机获取更多主题】从微软的官网获取（如图 2-43 所示）。

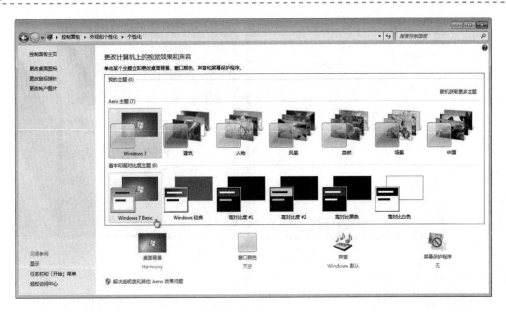

图 2-43　主题

• 桌面背景就是 Windows 7 系统桌面的背景图案，又叫作墙纸。启动 Windows 7 操作系统后，桌面背景采用的是系统安装时默认的设置，用户可以根据自己的喜好更换桌面背景。

• 在 Windows 7 系统里，用户可以自定义窗口、开始菜单以及任务栏的颜色和外观。Windows 7 提供了丰富的颜色类型，甚至可以采用半透明的效果（如图 2-44 所示）。

图 2-44　窗口颜色和外观

2．更改桌面图标

对于 Windows 7 系统桌面上的图标，用户也可以自定义其样式和大小等属性。如果用户对【计算机】【网络】【回收站】等桌面系统图标样式不满意，可以选择不同的样式（如图 2-45 所示）。如果觉得图标太小，希望将图标面积放大以便看得更为清楚，也可以设置图标的大小。

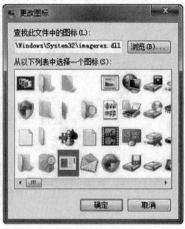

图 2-45　桌面图标设置

3. 设置屏幕保护程序

屏幕保护程序简称为"屏保"，早期屏保是用于保护计算机屏幕的程序，当用户一定时间不操作计算机时，它能让显示器处于节能的状态。

Windows 7 提供了多种样式的屏保，用户可以设置屏保的等待时间，在这段时间内如果没有对计算机进行任何操作，显示器就进入屏保状态；当用户要重新开始操作计算机时，只需移动一下鼠标或按下键盘上的任意键，即可退出屏保（如图 2-46 所示）。

图 2-46　设置屏幕保护程序

三、设置分辨率和多显示器

1. 分辨率

显示分辨率是指显示器所能显示的像素点的数量，显示器可显示的像素点数越多，画面就越清晰，屏幕区域内能够显示的信息也就越多。但相应的各种显示元素会变小。

在桌面上单击右键，选择【屏幕分辨率】菜单项。弹出【屏幕分辨率】窗口，单击【分辨率】下拉按钮，选择准备使用的分辨率，如"1024×768"（一般建议选择推荐使用的分辨率），单击【确定】按钮，这时会出现一个倒计时窗口，这是为了避免分辨率设置错误导致无法正常进行操作，在倒计时结束前如果没有点击【确定】按钮，将会自动退回到原来的分辨率（如图 2-47 所示）。

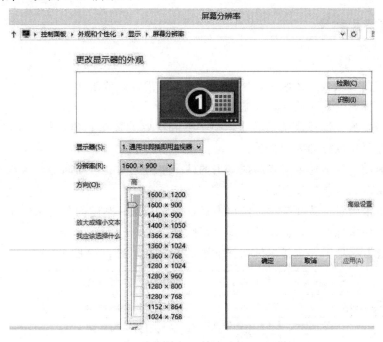

图 2-47　设置屏幕分辨率

2. 多显示器

使用多显示器是当前流行的办公方式，多显示器可以设置为：复制、扩展两种模式，复制是多个显示器显示相同内容，而扩展可以理解成有多个桌面了，可以设置不同显示器在虚拟桌面中的位置（如图 2-48 所示）。

图 2-48　设置多显示器

当计算机连接了多个显示器时，可以分别设置多个显示器的分辨率，哪一个显示器作为主显示器，显示器的虚拟位置等。

四、设置鼠标和键盘

1. 设置鼠标选项

在【控制面板主页】区域中，单击【更改鼠标指针】链接项。

弹出【鼠标属性】对话框，其主要设置内容如下。

• 鼠标键配置：选择该项下的【切换主要和次要的按钮】项，鼠标左右键功能互换，该功能是为左手用鼠标的人而设计。

• 双击速度：双击速度是指组成双击的两个单击之间的时间间隔，若双击时经常不能产生应有结果时，应调慢速度。

• 启用单击锁定：选择该项，则可通过延时松开鼠标左键的单击来锁定图标，此时拖动图标不必按住鼠标左键，再次单击即可解除锁定。

• 【指针】选项卡：选择鼠标指针的图标方案（如图 2-49 所示）。

指针符号	指 针 含 义	指针符号	指 针 含 义
↖	标准选择指针	↔ ↕	水平垂直调整指针
↖?	帮助指针，选择了帮助菜单或联机帮助	↗ ↖	对角线调整指针
↖⌛	后台指针，系统正在进行某操作，要求用户等待	✛	移动指针，表示此时可以移动对象
⌛	沙漏(忙)指针，系统正"忙碌"，不能进行其他操作	I	文字选择指针，此时可以输入文本
⊘	不可用指针，当前鼠标操作无效	✛	精确定位指针，在应用程序中绘制新对象
↘	手写指针，此时可用手写输入	☝	链接选择指针，表明指针所在位置是一个超链接

图 2-49　鼠标指针方案

• 【指针选项】选项卡：这是用到最多的设置，主要是调整鼠标指针的移动速度和显示鼠标指针轨迹（如图 2-50 所示）。

图 2-50　鼠标指针选项

• 【滑轮】选项卡：设置鼠标轮每转动一个齿格，窗口滚动的行数（默认 3 行）。

2. 键盘的个性化设置

打开【控制面板】窗口，单击【键盘】链接项，弹出【键盘属性】对话框，其主要设置内容如下。

• 重复延迟：按住某一字符键不动，从第一个字符出现到第二个字符出现之间的时间间隔称为重复延迟，可拖动滑块设置该时间的长短。

• 重复速度：按住某个字符键后，该字符的重复输入速度称为重复速度，即按下一字符键不动，从第二个字符之后连续出现字符的速率，可拖动滑块设置其快慢。

五、设置系统日期和时间

当启动计算机后，便可以通过任务栏的通知区域查看当前系统的时间。此外，还可以根据需要重新设置系统的日期和时间以及选择适合自己的时区 。

1. 调整系统日期和时间

默认情况下，系统日期和时间将显示在任务栏的通知区域，用户可根据实际情况更改系统的日期和时间设置（如图 2-51 所示）。

图 2-51　日期和时间设置

2. 添加附加时钟

在 Windows 7 操作系统中可以设置多个时钟的显示，设置了多个时钟后可以同时查看多个不同时区的时间（如图 2-52 所示）。

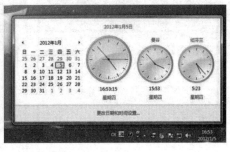

图 2-52　添加附加时钟

3. 设置时间同步

在 Windows 7 操作系统中可将系统的时间和 Internet 的时间同步。方法是在【日期和时间】对话框中切换至【Internet 时间】选项卡，然后单击【更改设置】按钮（如图 2-53 所示）。打开【Internet 时间设置】对话框，选中其中的【与 Internet 时间服务器同步】复选框，然后单击【立即更新】按钮即可。

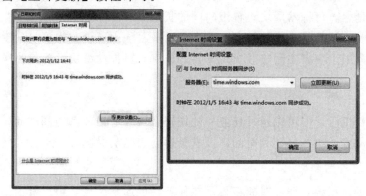

图 2-53　设置时间同步

六、Windows 7 的电源管理

在提倡节能减排的今天，如何在使用计算机的过程中减少电力能源的消耗是个需要关心的问题，并且随着笔记本电脑的普及也使得用户对电池的续航能力提出来了新要求。要避免无谓的电力消耗，可以通过 Windows 7 系统里的电源管理来设置。

利用 Windows 7 的电源设置，用户可以有效地降低计算机的功耗，延长电池和硬盘的使用寿命，还可以防止用户在离开计算机时被其他人使用，保持用户的隐私。

1. 设置电源计划

在 Windows 7 操作系统中，可通过不同的电源计划来影响硬件的能耗和性能，能耗越高，硬件性能就越好。Windows 7 自带了三个电源计划：高性能、平衡和节能，按此顺序这三个计划的能耗和性能是递减的。用户可以按照自己的实际需求来选择不同的电源计划。为了更加满足用户的个性化需求，可以设置无操作时，多长时间关闭显示器和进入睡眠状态（如图 2-54 所示）。

图 2-54　设置电源计划

其实在很多使用电池的计算机设备中，都提供了控制计算机能耗的专用程序，用户可以自行设置屏幕亮度、CPU 功耗（功耗越低，速度越慢，待机时间越长）。

2. 设置电源按钮

当用户按下电源按钮时，计算机应该进行什么操作，用户可根据自身需要设置其功能。当从休眠状态唤醒时，为了安全考虑，可以要求输入用户登录密码（如图 2-55 所示）。

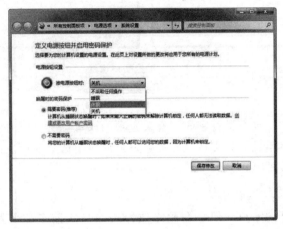

图 2-55 设置电源按钮

七、账户管理

在 Windows 7 中，用户账户一般来说有以下 3 种：计算机管理员账户、标准用户账户和来宾账户。

• 计算机管理员账户：拥有对全系统的控制权，能改变系统设置，可以安装和删除程序，能访问计算机上所有的文件。除此之外，它还拥有控制其他用户的权限：可以创建和删除计算机上的其他用户账户、可以更改其他人的账户名、图片、密码和账户类型等。Windows 7 中至少要有一个计算机管理员账户（默认：Administrator）。在只有一个计算机管理员账户的情况下，该账户不能将自己改成受限制账户。

• 标准账户：由计算机管理员账户创建，可以执行管理员账户下的几乎所有的操作，但是如果要执行影响该计算机其他用户的操作（如安装软件或更改安全设置、对其他账户进行维护等），则 Windows 可能要求提供管理员账户的密码。

• 来宾账户：是一个特殊的受限账户，是为没有账户的人临时使用计算机而准备的。该账户不设密码，是由计算机管理员账户来设置启用/关闭，拥有最小的使用权限。

1. 创建用户账户

管理用户账户的最基本操作就是创建新账户。用户在安装 Windows 7 过程中，第一次启动时建立的用户账户就属于"管理员"类型，在系统中只有"管理员"类型的账户才能创建新账户（如图 2-56 所示）。

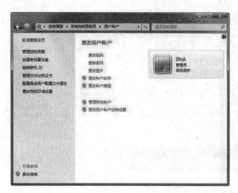

图 2-56　用户账户设置

2. 更改用户账户

刚刚创建好的用户还没有进行密码等有关选项的设置，所以应对新建的用户信息进行修改。要修改用户基本信息，只需在【管理账户】窗口中选定要修改的用户名图标，然后在新打开的窗口中修改即可，

3. 删除或者停用用户账户

用户可以删除多余的账户，但是在删除或停用账户之前，必须先登录到具有"管理员"类型的账户才能删除。

4. 设置账户密码

为了保护系统安全和隐私，可以为账户设置密码或者修改密码（建议定期修改），在本地进入计算机系统或者远程登录时，会要求输入密码。

八、安装和卸载程序

1. 软件安装

计算机能帮助我们做各种各样的事情，主要是通过丰富多样的软件，所以我们在使用计算机的过程中需要安装各种软件，在 Windows 系统中软件的安装比较简单，一般只需要下载软件的安装包后运行就可以了。

安装包一般以".exe"作为文件后缀名，需要注意的是，安装包的下载要去正规可靠的网站，否则可能会感染病毒或捆绑安装一些垃圾软件。

2. 软件卸载

当我们不需要使用某个软件时，可以将其卸载。方法是在控制面板中，选择【程序和功能】，会看到已安装程序的列表，找到相应的名称进行卸载。很多软件在安装后会自带卸载程序，所以可以直接执行这些卸载程序（如图 2-57 所示）。

注意不要直接去删除软件的安装文件夹，不通过卸载而直接删除会导致系统的异常运行。

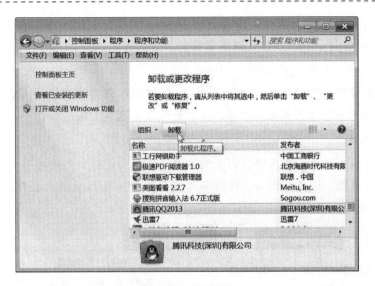

图 2-57 程序卸载

3. 打开关闭 Windows 功能

Windows 系统自带了很多程序，用户可以在控制面板中，选择【程序和功能】，点击左侧的【打开或关闭 Windows 功能】进入操作窗口，点击复选框决定关闭或者启用有些系统自带功能（如图 2-58 所示）。

图 2-58 打开或关闭 Windows 功能

九、输入法调整

1. 添加输入法

输入法的添加和安装程序是一样的，先下载安装包，运行安装程序即可。中文输入法主要有拼音输入和五笔输入两种，中文版的 Windows 操作系统一般会自带中文输入法，并且在安装 Microsoft Office 后也会捆绑安装中文输入法。

2. 设置输入法

对输入法的设置主要包括默认语言、输入法选择顺序调整和删除输入法，这些操作都可以通过控制面板中的【文本输入和输入语言】的常规选项卡来进行。

3. 切换输入法

当需要使用输入法时，单击语言栏上的"输入语言"按钮，然后单击要使用的输入语言。推荐使用快捷键：Ctrl＋Shift（各种输入法之间的切换），Ctrl＋空格：中文/英文互换（如图 2-59 所示）。

图 2-59　输入法切换

4. 使用输入法

• 输入法中进行"中/英"文切换。单击"中/英文输入切换"按钮或者按键盘上的 Shift 键，可以进行切换。当显示"A"字母时，表示英文输入状态；当显示某种图案时，表示中文输入状态。

• "全角/半角"字符切换。所谓半角字符，是指输入的英文字符占一个字节（即半个汉字位置），半角状态呈现月牙形；全角字符是指输入的字符占两个字节（即一个汉字位置），全角状态（中文方式）呈现满月形。两种状态下输入的数字、英文字母、标点符号是不同的。单击"全角/半角"按钮，可以在"全角/半角"之间进行切换。

十、任务管理器

任务管理器可以提供正在计算机中运行的程序的相关信息和计算机的性能状况。用户可以通过任务管理器快速查询正在运行程序的状态，或者终止不正常程序的运行、切换应用程序、运行新程序等。

右击任务栏，在弹出的快捷菜单中选择【任务管理器】命令，或同时按下【Ctrl＋Alt＋Delete】键，然后选择【启动任务管理器】选项，打开【任务管理器】窗口。

任务管理器有应用程序、进程、服务、性能、联网、用户六个标签页，窗口底部是状态栏，从这里可以查看到当前系统的进程数、CPU 使用比率、物理内存等数据，默认设置下系统每隔 2s 对数据进行 1 次自动更新，用户可以点击【查看】→【更新速度】菜单重新设置。

1. 应用程序

此界面中显示了所有当前正在运行的应用程序，不过只会显示当前已打开窗口的应用程序，而 QQ、杀毒软件等最小化至系统托盘区的应用程序则并不会显示出来。可以在【任务】区中单击需要强行结束的应用程序，通过【结束任务】按钮直接关闭程序。如果需要同时结束多个任务，可以按住 Ctrl 键复选。

点击"新任务"按钮，可以直接打开相应的程序、文件夹、文档或 Internet 资源，如果不知道程序的名称，可以点击"浏览"按钮进行搜索，"新任务"的功能类似于开始菜单中的运行命令。

有时候，通过【结束任务】按钮还是无法结束程序，这时可以尝试通过【进程】选项卡的【结束进程】。

2. 进程

此界面中显示了所有当前正在运行的进程，包括应用程序、后台服务等，那些隐藏在系统底层深处运行的病毒程序或木马程序都可以在这里找到，当然前提是你要知道它的名称。点击需要结束的进程名，然后执行右下角的【结束进程】命令，就可以强行终止，不过这种方式将丢失未保存的数据，而且如果结束的是系统服务，则系统的某些功能可能无法正常使用（如图 2-60 所示）。

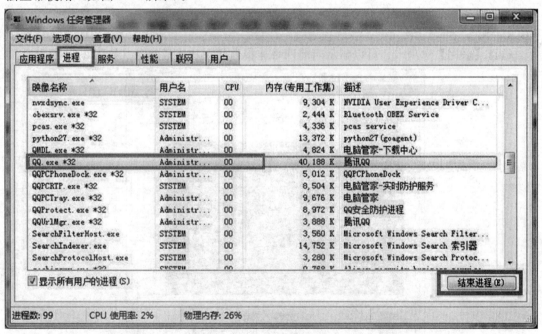

图 2-60 Windows 任务管理器——进程

3. 性能

从【性能】选项卡中我们可以看到计算机性能的动态信息，主要是 CPU 和各种内存的使用情况（如图 2-61 所示）。

CPU 使用情况：包括 CPU 的当前使用时间比例和通过图表显示的一段时间的 CPU 使用记录。

内存使用情况：当前物理内存的使用比例和一段时间的内存使用记录。

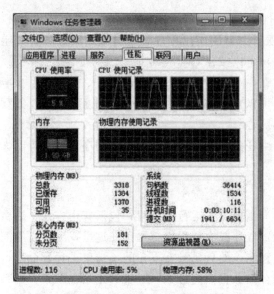

图 2-61　Windows 任务管理器——性能

4. 联网

选择【联网】选项卡，可以显示当前网络连接的状态和流量信息（如图 2-62 所示）。

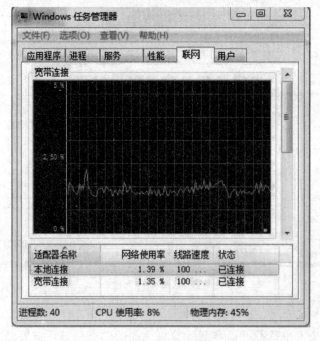

图 2-62　Windows 任务管理器——联网

十一、计算器的使用

　　Windows 7 中提供了计算器功能，除了可以实现普通计算器的功能以外，还提供了"科学型""程序员"和"统计信息"等特殊类型计算器界面。使用方法，打开开始菜单，在【附件】中选择【计算器】，即可打开【计算器】窗口，更换界面时，打开【查看】菜单，点击相应的类型即可（如图 2-63 所示）。

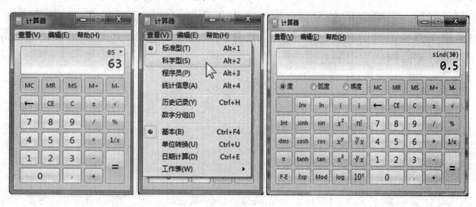

图 2-63 计算器

第四节 网络配置与检测

一、基本概念

IP（Internet protocol）协议也就是为计算机网络相互连接进行通信而设计的协议。在因特网中，它是能使连接到网上的所有计算机网络实现相互通信的一套规则，规定了计算机在因特网上进行通信时应当遵守的规则。任何厂家生产的计算机系统，只要遵守 IP 协议就可以与因特网互联互通。

1. IP 地址

IP 地址是标识网络中计算机或网络的地址，用二进制数表示，长度有 32 位（IPV4）和 128 位（IPV6）两种。简单来说，IP 地址是给 Internet 上的每一台计算机设备的一个编号，任何联网的计算机设备都需要有 IP 地址，才能正常通信。

计算机设备获取 IP 地址的方法可以分为静态地址和动态地址两种：

• 静态地址是由网络管理员预先分配的固定 IP 地址；

• 动态地址是由网络中的 DHCP 服务器按照规则随机分配的一个空闲的地址，每次连入网络时都可能会改变。

2. 子网掩码

子网掩码用于在网络中划分子网。子网掩码是一个 32 位二进制数字，用点分十进制来描述。掩码包含两个域：网络域和主机域，默认情况下，网络域地址全部为"1"，主机域地址全部为"0"。

对于 A 类地址来说，默认的子网掩码是 255.0.0.0；对于 B 类地址来说默认的子网掩码是 255.255.0.0；对于 C 类地址来说默认的子网掩码是 255.255.255.0。利用子网掩码可以把大的网络划分成子网，也可以把小的网络归并成大的网络。

使用子网是为了减少 IP 的浪费。因为随着互联网的发展，越来越多的网络产生，有的网络多则几百台，有的只有区区几台，这样就浪费了很多 IP 地址，所以要划分子网。使用子网可以提高网络应用的效率。

3. 网关

一个计算机设备想要与其他网络或因特网互联，需要通过本地网络的网关来转发数据。可以理解为从一个网络向另一个网络发送信息，也必须经过一道"关口"，这道关口就是网关。

4. 域名与 DNS 服务器

DNS 是计算机域名系统（domain name system 或 domain name service）的英文缩写，它是由解析器和域名服务器组成的。在网络中，主要用 IP 地址来标识网络和计算机，相当于网络中的地址或身份证号。但 IP 地址不便记忆，为此，因特网中引入了域名系统（DNS）。域名服务器保存有该网络中所有主机域名和对应的 IP 地址，具有将域名转换为 IP 地址功能。

二、IP 地址设置

当需要调整 Windows 7 系统的网络配置时，可以按照以下步骤：

（1）打开【网络连接】窗口打开【控制面板】，选择【网络和 Internet】，点击【网络和共享中心】，在左侧选项中点击【更改适配器设置】，这时就打开了【网络连接】窗口。在此窗口中可以看到 Windows 系统中所有可用的连接设备，例如本地连接（有线网络）、无线网络连接（WiFi）、蓝牙、VPN 和虚拟连接等。后面我们以配置有线网络的本地连接为例（如图 2-64 所示）。

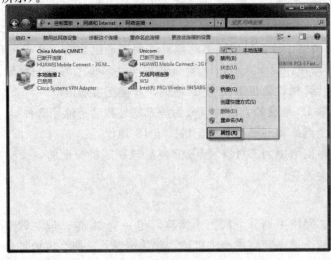

图 2-64　网络连接窗口

（2）在【本地连接】上右键单击，弹出列表中选择【属性】，打开【本地连接属性】窗口，双击【Internet 协议版本 4（TCP/IPv4）】，弹出【Internet 协议版本 4（TCP/IPv4）属性】窗口。

（3）如果是希望系统自动获取动态地址，点击【自动获得 IP 地址】和【自动获得 DNS 服务器地址】的单选框。

（4）如果想使用静态地址，点击【使用下面的 IP 地址】单选框，在下方依次输入网络管理员提供的【IP 地址】、【子网掩码】和【默认网关】，点击【使用下面的 DNS 服务器地址】单选框，在下方依次输入【首选 DNS 服务器】和【备用 DNS 服务器】。单击【确定】按钮，应用配置（如图 2-65 所示）。

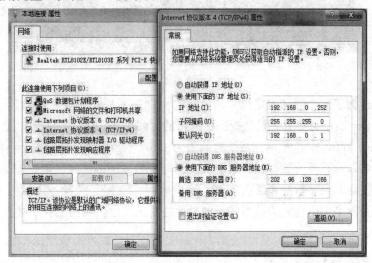

图 2-65　本地连接属性窗口和 Internet 协议版本 4 属性窗口

（5）静态地址或者动态地址配置应用后，在【网络连接】窗口中，选择【本地连接】图表，点击上方的【查看此连接的状态】按钮，可以查看状态信息，判断配置是否正确。

三、常用网络检测命令

对于日常生活和工作来说，通过熟练掌握由 Windows 操作系统集成的一些测试命令，可以帮助我们判断网络的工作状态和排查常见的网络故障。

1　Ping 网络连通测试命令

用 Ping 命令可以很方便地检查两台计算机的连通状况，直接 Ping 该计算机的 IP 地址即可。例如要检查网关 192.168.1.1 上的 TCP/IP 协议工作是否正常（如图 2-66 所示），步骤如下：

（1）在【开始菜单】中选择【运行】，输入"CMD"后【确定】。

（2）在弹出的【命令提示符】界面中直接输入命令"ping 192.168.1.1"。

如果本机能够正确连接对方（192.168.1.1 一般是网关），则会以屏幕方式显示如下所示的信息。

图 2-66　Ping 命令举例

　　上述操作返回了 4 个测试数据包，其中字节＝32 表示测试中发送的数据包大小是 32 个字节，时间＜1ms 表示与对方主机往返一次所用的时间小于 1ms，TTL＝64 表示当前测试使用的 TTL（time to live）值为 64（系统默认值为 128，不同操作系统可能会不同）。测试表明的连接非常正常，没有丢失数据包，响应很快。对于局域网的连接，数据包丢失越少和往返时间越小则越正常。如果数据包丢失率高、响应时间非常慢，或者各数据包不按次序到达，那么就有可能是网络中出现故障；当然，如果这些情况发生广域网上就不必担心太多。

　　2. Ipconfig 命令

　　在【命令提示符】界面中输入命令"ipconfig"，会在窗口中显示计算机中所有网络适配器的物理地址、主机的 IP 地址、子网掩码以及默认网关等，还可以查看主机的相关信息如：主机名、DNS 服务器、节点类型等。其中网络适配器的物理地址在检测网络错误时非常有用（如图 2-67 所示）。

图 2-67　Ipconfig 命令举例

　　窗口中显示了主机名、DNS 服务器、节点类型以及主机的相关信息如网卡类型、IP 地址、子网掩码以及默认网关等。

　　如果想要查看更多信息，可以使用参数 all。在【命令提示符】界面中输入命令"ipconfig/all"，则显示与 TCP/IP 协议相关的所有细节，其中包括主机名、节点类型、是否启用 IP 路由、网卡的物理地址（MAC 地址）、默认网关等（如图 2-68 所示）。

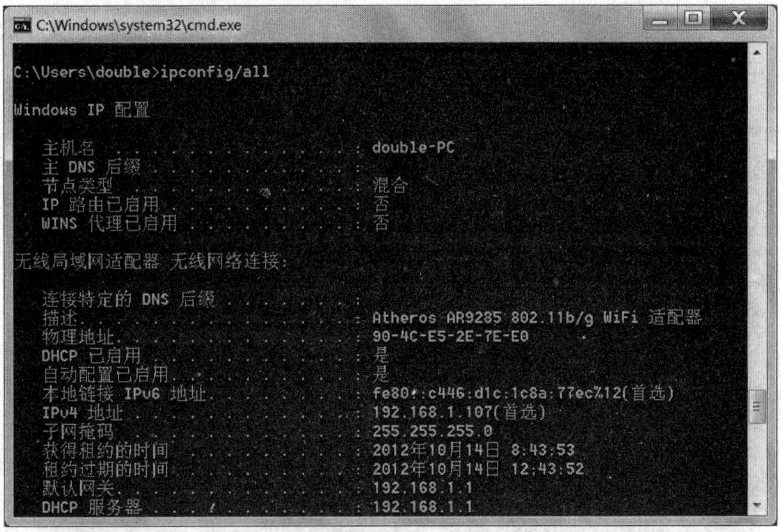

图 2-68　Ipconfig/all 命令举例

　　在图中可以看到此设备的物理地址为"90－4C－E5－2E－7E－E0"，物理地址是由 12 个 16 进制数字分 6 组，中间用"－"隔开构成的。

3. Netstat

　　在【命令提示符】界面中输入命令"netstat"，Netstat 可以显示当前正在活动的网络连接的详细信息，可以让用户得知计算机系统当前有哪些网络连接正在运行（如图 2-69 所示）。

图 2-69　netstat 命令举例

4. Tracert 命令

Tracert 是 TCP/IP 网络中的一个路由跟踪实用程序，用于确定 IP 数据包访问目标主机所采取的路径。通过 Tracert 命令所显示的信息，既可以掌握一个数据包信息从本地主机到达目标主机所经过的路由，还可以了解网络阻塞发生在哪个环节，为网络管理和性能分析及优化提供判断依据。

以访问网址"www.sina.com.cn"为例，在【命令提示符】界面中输入命令"tracert www.sina.com.cn"（如图 2-70 所示）。

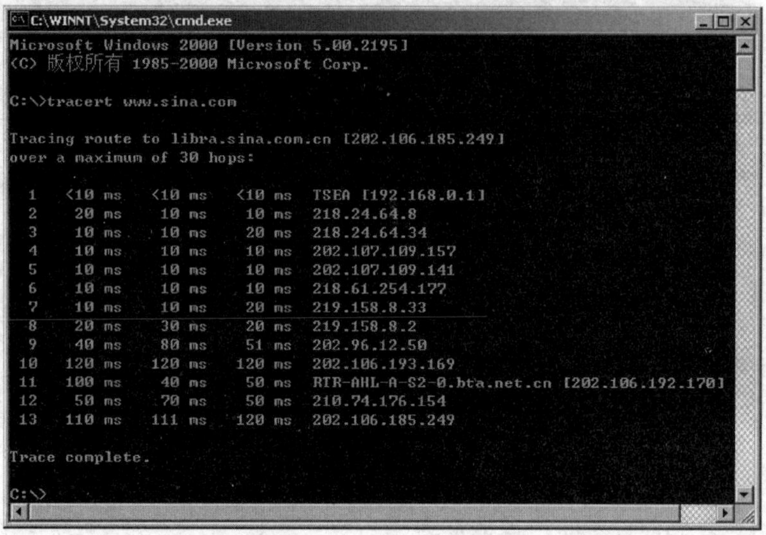

图 2-70   tracert 命令举例

以上信息显示出所经每一站路由器的反应时间、站点名称、IP 地址等重要信息，从中可判断哪个路由器最影响我们的网络访问速度。

第三章　Word 2010

Office 是一套由微软公司开发的办公软件，是微软公司最有影响力的产品之一，它与微软的 Windows 操作系统一起被称为"微软双雄"。Office 2010 是当前使用最为广泛的办公软件，而 Word 2010 是 Office 2010 办公组件中最常用的软件之一，主要用于文字处理工作，Word 2010 相对于以前版本最大变化是改进了用于创建专业品质文档的功能。

第一节　认识 Word 2010 界面

无论是办公领域还是一般的文字处理，Word 软件一直都担当着重要的角色。它可以方便地制作出文稿、信函、公文、书稿、表格、网页等各种类型的文档。功能区标题栏快速访问栏状态栏视图栏显示比例编辑区。

启动 Word 2010 以后，打开的窗口便是 Word 2010 的工作界面，与早期的版本相比，Word 2010 的界面更加清新，其界面主要由标题栏、快速访问栏、功能区、编辑区和状态栏等部分组成，如图 3-1 所示。

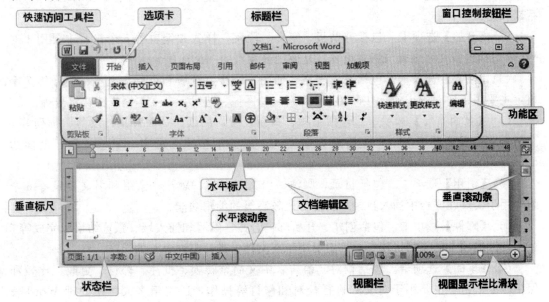

图 3-1　Word 2010 工作界面

1. 标题栏

标题栏位于工作界面的最顶端，中间部分用于显示文档名称及软件名称，右侧的按钮分别用于控制窗口的最小化、最大化/还原和关闭。

2. 快速访问栏

快速访问栏位于界面左上角，用于显示常用的工具按钮，默认状态下只显示"保存"、"撤消"等按钮，单击这些按钮可以执行相应的操作。为了提高编辑文档的速度，可以将一些常用的按钮添加到快速访问栏中，单击访问栏右侧的小箭头，在打开的下拉菜单中选择相应的命令，即可将命令按钮添加到快速访问栏中。

3. 功能区

功能区几乎涵盖了所有的按钮、库和对话框。功能区首先将控件对象分为多个选项卡，然后在选项卡中将控件细化为不同的组，组的名称位于组的下方，有的组右下角有一个小按钮，称为【对话框启动器】按钮，单击它可以打开对话框或窗格（如图3-2所示）。

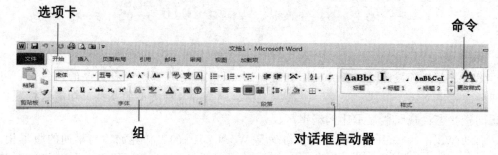

图 3-2　功能选项卡与组

（1）【文件】选项卡。包含了一些常用的命令，如新建、打开、保存、另存为、打印、帮助和退出等。

（2）【开始】选项卡。包括剪贴板、字体、段落、样式和编辑等 5 个组，主要用于对 Word 文档进行文字编辑与格式设置，是使用最频繁的一个选项卡。

（3）【插入】选项卡。包括页、表格、插图、链接、页眉和页脚、文本、符号等 7 个组，主要用于向 Word 文档中插入各种元素，如图像、艺术字、文本框或特殊符号等。

（4）【页面布局】选项卡。包括主题、页面设置、稿纸、页面背景、段落、排列等 6 个组，主要用于设置 Word 文档的页面样式，如稿纸格式、水印、配色主题、页面边框等。

（5）【引用】选项卡。包括目录、脚注、引文与书目、题注、索引和引文目录等 6 个组，用于实现在文档中插入目录、脚注等比较高级的编辑功能。

（6）【邮件】选项卡。包括创建、开始邮件合并、编写和插入域、预览结果和完成等 5 个组，该选项卡的作用比较专一，主要用于在文档中进行邮件合并的操作。

（7）【审阅】选项卡。包括校对、语言、中文简繁转换、批注、修订、更改、比较和保护等 8 个组，主要用于对文档进行校对和修订等操作，适用于多人协作处理 Word 长文档。

（8）【视图】选项卡。包括文档视图、显示、显示比例、窗口和宏等 5 个组，主要用于切换文档视图、预览视图、排列窗口等。

（9）【加载项】选项卡。只有【菜单命令】一个组，可以为 Word 2010 安装附加属性，如自定义的工具栏或其他命令扩展。

4. 编辑区

文档编辑区是工作的主要区域，用来实现文档的编辑和显示。在进行文档编辑时，可以使用水平标尺、垂直标尺、水平滚动条和垂直滚动条等辅助工具。编辑区位于 Word 工作界面的正中央，当文档内容超出窗口范围时，通过拖动滚动条上的滚动块，可以使文档窗口上下或左右滚动，以显示窗口外被挡住的文档内容。

5. 状态栏

状态栏位于工作界面的最下方，显示当前文档的状态参数和 Word 的各种信息，如文档的总页数、字数、当前页码等，还有插入/改写状态转换按钮、拼写和语法状态检查按钮等。

6. 视图栏

视图栏在 Word 2010 中提供了多种视图模式供用户选择，这些视图模式包括"页面视图""阅读版式视图""Web 版式视图""大纲视图"和"草稿视图"等 5 种。用户可以在【视图】选项卡中选择需要的文档视图，也可以在视图栏中单击视图按钮进行切换。

第二节　文档的基本操作

一、创建文档

要编辑新文档时需要先创建新文档。一般地，启动 Word 2010 会自动创建一个空白的新文档，名称为"文档 1"。再启动该程序，则又创建了一个空白的新文档，名称为"文档 2"，以此类推，可以创建"文档 3""文档 4"……。另外，启动 Word 2010 以后，单击快速访问工具栏中的【新建】按钮或者按下【Ctrl＋N】键，也可以快速地创建一个空白的新文档。

下面介绍如何基于模板创建新文档，具体操作步骤如下：

（1）打开【文件】选项卡，单击【新建】命令。

（2）这时窗口的中间部分将显示可用模板，用户可以选择需要创建的文档类型，例如可以选择"空白文档""博客文章""书法字帖"等。

（3）选择了模板以后，在右侧单击【创建】按钮，即可基于模板创建新文档，如图 3-3 所示。

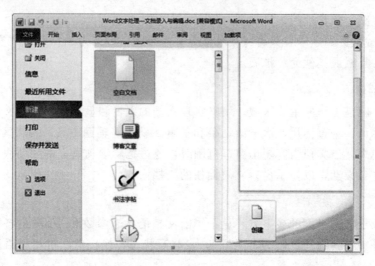

图 3-3　基于模板创建新文档

二、保存文档

编辑完文档之后，一定要保存文档，因为在编辑文档的过程中，文档保存在计算机内存中，一旦断电或非法操作就会前功尽弃。保存文档的操作步骤如下：

（1）打开【文件】选项卡，执行其中的【保存】命令（或者按下【Ctrl＋S】快捷键）。如果是第一次保存，将弹出【另存为】对话框。

（2）选择保存文档的位置。

（3）在【文件名】文本框中输入文件名称，然后单击【确定】按钮即可保存文档，如图 3-4 所示。

图 3-4　保存文档

为了避免出现意外，导致数据丢失，Word 提供自动保存文档的功能，一定时间间隔后，Word 将会自动保存当前文档的副本，当出现意外退出时，再打开文档会提示有可以恢复的副本。

设置自动保存文档的操作步骤如下：

（1）打开【文件】选项卡，单击【选项】命令；

（2）在打开的【Word 选项】对话框中切换到【保存】选项；

（3）设置自动保存选项；

（4）单击【确定】按钮，完成自动保存功能的设置。

三、打开文档

一般来说，我们很难一次将文档处理得十全十美，特别是一篇较长的文档，常常需要打开以前保存过的文档，继续输入或修改。打开文档的具体操作步骤如下：

（1）打开【文件】选项卡，执行【打开】命令（或者按下【Ctrl+O】键）。

（2）在弹出的【打开】对话框中选择文档的保存路径，在文件列表中选择要打开的文档，单击【打开】按钮，即可打开所选文档，如图 3-5 所示。

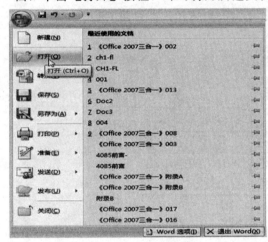

图 3-5 打开所选文档

打开 Word 文档时，如果单击【打开】按钮右侧的三角箭头，这时将打开一个下拉列表，在这里提供了以只读方式打开、以副本方式打开、等打开 Word 文档的方式。如果要以某种方式打开，直接选择相应的选项即可。

第三节 文本的编辑操作

一、输入文档内容

创建了 Word 文档之后，在编辑区中会出现一个闪烁的垂直光标，称为插入点光标，这时就可以向编辑区中输入内容了。输入的内容总是位于插入点光标的位置。

1. 输入文本

输入文本的基本操作步骤如下：

（1）选择一种中文输入法，即可在编辑区中输入所需内容。在输入过程中，当文本到达右边界时会自动换行；如果完成了一个自然段的输入，则需要按回车键换行。

（2）如果要输入英文，则切换到英文输入法。输入英文时，英文单词之间用空格分开。

（3）另外，Word 会自动进行拼写检查，错误的单词下面会显示红色的波浪线。

2. 插入符号

插入符号的基本操作步骤如下：

（1）将光标定位在要插入符号的位置处。

（2）在【插入】选项卡的【符号】组中单击按钮，在打开的下拉列表中可以选择所需的符号。

（3）如果列表中没有所需的符号，可以选择【其他符号】选项，则弹出【符号】对话框，在【符号】选项卡中选择所需的符号，单击【插入】按钮，即可将其插入光标位置处，如图 3-6 所示。

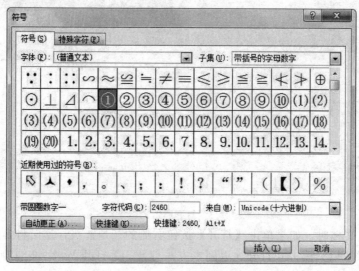

图 3-6 选择其他符号

3. 插入日期和时间

在录入文字的过程中，如果需要录入日期和时间，除了可以直接输入以外，也可以通过对话框快速插入文档中，具体操作步骤如下：

（1）在需要插入日期和时间的位置处单击鼠标，定位光标。

（2）在功能区中切换到【插入】选项卡，在【文本】组中单击【日期和时间】按钮，弹出【日期和时间】对话框。

（3）在【可用格式】列表中选择所需的日期或时间格式，然后单击【确定】按钮，即可在光标位置处插入日期和时间，如图 3-7 所示。当需要的日期和时间是根据系统时间变化时，可以选择【自动更新】复选框；此外可以在【语言】下拉框中选择其他的日期格式。

图 3-7　选择日期或时间格式

4. 插入公式

Word 2010 提供了多种常用的公式供用户直接插入文档中，用户可以根据需要直接插入这些内置公式，以提高工作效率。插入公式的基本操作步骤如下：

（1）将光标定位在要插入公式的位置处。

（2）在【插入】选项卡的【符号】组中单击【公式】按钮下方的三角按钮，点击【插入新公式】即可打开公式工具【设计】选项卡，同时 Word 文档中将创建一个空白公式框架，如图 3-8 所示。

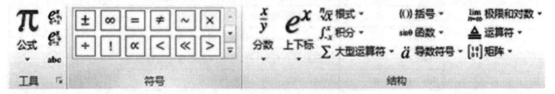

图 3-8　公式工具【设计】选项卡

（3）通过键盘并结合【设计】选项卡中的【符号】和【结构】组中的功能按钮，可以完成任意公式的输入。默认情况下，【符号】组中显示的是"基础数学"符号。除此之外，Word 2010 还提供了"希腊字母""字母类符号""运算符""箭头""求反关系运算符""手写体"等多种符号供用户使用。

二、选择文本

1. 用鼠标选定文本

根据所选定文本区域的不同情况，分别有：

（1）选定任意大小的文本区：首先将"I"形鼠标指针移动到所要选定文本区的开始处，然后拖动鼠标直到所选定的文本区的最后一个文字并松开鼠标左键，这样，鼠标所拖动过的区域被选定，并以反白形式显示出来。文本选定区域可以是一个字符或标点，也可以是整篇文档。如果要取消选定区域，可以用鼠标单击文档的任意位置或按键盘上的箭头键。

（2）选定大块文本：首先用鼠标指针单击选定区域的开始处，然后按住【Shift】键，再配合滚动条将文本翻到选定区域的末尾，再单击选定区域的末尾，则两次单击范围中包括的文本就被选定。

（3）选定矩形区域中的文本：将鼠标指针移动到所选区域的左上角，按住【Alt】键，拖动鼠标直到区域的右下角，放开鼠标。

（4）选定一个句子：按住【Ctrl】键，将鼠标光标移动到所要选句子的任意处单击一下。

（5）选定一个段落：将鼠标指针移到所要选定段落的任意行处连击三下。或者将鼠标指针移到所要选定段落左侧选定区，当鼠标指针变成向右上方指的箭头时双击。

（6）选定一行或多行：将鼠标移到这一行左端的文档选定区，当鼠标指针变成向右上方指的箭头时，单击一下就可以选定一行文本，如果拖动鼠标，则可选定若干行文本。

（7）选定整个文档：按住【Ctrl】键，将鼠标指针移到文档左侧的选定区单击一下。或者将鼠标指针移到文档左侧的选定区并连续快速三击鼠标左键。或直接按快捷键【Ctrl＋A】选定全文。

2. 用键盘选定文本

当用键盘选定文本时，注意应首先将插入点移到所选文本区的开始处，然后再按如下表 3-1 所示的组合键。

表 3-1　组合键

按组合键	选定功能
Shift + →	选定当前光标右边的一个字符或汉字
Shift + ←	选定当前光标左边的一个字符或汉字
Shift + ↑	选定到上一行同一位置之间的所有字符或汉字
Shift + ↓	选定到下一行同一位置之间的所有字符或汉字
Shift + Home	从插入点选定到它所在行的开头
Shift + End	从插入点选定到它所在行的末尾
Shift + Page Up	选定上一屏
Shift + Page Down	选定下一屏
Ctrl + Shift + Home	选定从当前光标到文档首
Ctrl + Shift + End	选定从当前光标到文档尾
Ctrl + A	选定整个文档

3. 用扩展功能键 F8 选定文本

在扩展式模式下，可以用连续按 F8 键扩大选定范围的方法来选定文本。先将插入点移到某一段落的任意一个中文词（英文单词）中，然后：

（1）第一次按 F8 键，状态栏中出现"扩展式选定"信息项，表示扩展选区方式被打开。

（2）第二次按 F8 键，选定插入点所在位置的中文词/字（或英文单词）。

（3）第三次按 F8 键，选定插入点所在位置的一个句子。

（4）第四次按 F8 键，选定插入点所在位置的段落。

（5）第五次按 F8 键，选定整个文档。

也就是说，每按一次 F8 键，选定范围扩大一级。反之，反复按组合键 Shift ＋ F8 可以逐级缩小选定范围。如果需要退出扩展模式，只按【Esc】键即可。

三、移动、复制与删除文本

1. 移动文本

使用鼠标移动文本的操作步骤如下：

（1）选择要移动的文本，将光标指向选择的文本，按住鼠标左键拖动至目标位置。

（2）拖动至目标位置后释放鼠标左键，即可将所选文本移动到目标位置。

使用鼠标拖动的方法移动文本的优点是方便快捷，但有时候定位不太准确，而且对于远距离（如从一页移动到另一页）的移动也不方便。因此，通常情况下，可以利用剪切与粘贴的方法移动文本，具体操作步骤如下。

（1）选择要移动的文本。

（2）在【开始】选项卡中单击【剪切】按钮（或按下【Ctrl＋X】键），将所选文本剪切至剪贴板中。

（3）将光标定位在目标位置处，目标位置既可以是同一个文档中的不同页面，也可以是不同的文档之间。

（4）在【开始】选项卡中单击【粘贴】按钮（或按下【Ctrl＋V】键）粘贴文本，则完成文本的移动。

2. 复制文本

编辑文档时，对于重复的文本内容可以通过复制来完成。与移动文本类似，在 Word 2010 中也有两种不同的文本复制方法，即利用鼠标和按钮进行文本复制。

通过拖动鼠标复制文本的操作步骤如下：

（1）选择要复制的文本；

（2）将光标指向选择的文本，按住 Ctrl 键的同时拖动鼠标至目标位置处释放鼠标，即可将所选文本复制到目标位置处。

利用按钮复制文本的操作步骤如下。

（1）选择要复制的文本。

（2）单击在【开始】选项卡中单击【复制】按钮（或按下【Ctrl＋C】键），复制所选的文本内容。

（3）将光标定位在目标位置处，既可以是同一个文档中的不同页面，也可以是不同的文档之间。

（4）在【开始】选项卡中单击【粘贴】按钮（或按下【Ctrl＋V】键）粘贴文本，则可以完成文本的复制。

3. 删除文本

删除文本很简单，选择文本后使 Backspace 退格键或 Delete 键。

四、查找与替换文本

1. 查找文本

Word 2010 增加了快速查找功能，在【开始】选项卡的【编辑】组中单击【查找】按钮（或者按下【Ctrl＋F】键），打开【导航】窗格。在【导航】窗格的搜索栏中输入需要查找的内容，按下回车键，Word 2010 会在文档中用黄色背景（阴影）将查找到的内容标记出来（如图 3-9 所示）。

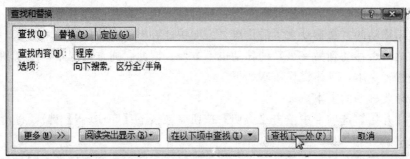

图 3-9　查找

但相比【导航】窗格，功能更丰富的【查找与替换】对话框才是我们经常用到的。单击【查找】按钮右侧的三角箭头，在打开的列表中选择【高级查找】选项，这时会弹出【查找和替换】对话框。在【查找内容】文本框中输入要查找的文本，如"电脑"，单击【查找下一处】按钮，这时 Word 将自动从光标处向后开始查找指定的文本，如果找到，则找到的文本将以蓝底显示。如果要继续查找，再单击【查找下一处】按钮，当搜索到文档结尾时，则弹出"完成搜索"的提示信息。如果开始查找时，光标并不是在文档的开始位置，则搜索到文档结尾时会弹出窗口，问询用户是否需要从头开始搜索。

高级查找：

在【查找和替换】对话框中，单击"更多"按钮，就会出现更多的查找选项（如图 3-10 所示）。几个选项的功能如下：

（1）查找内容：在【查找内容】列表框中键入要查找的文本。

（2）搜索：在【搜索】列表框中有"全部""向上"和"向下"三个搜索方向选项。

（3）"区分大小写"和"全字匹配"复选框：主要用于高级查找英文单词。

（4）使用通配符：选择此复选框可在要查找的文本中键入通配符实现模糊查找。

（5）区分全角和半角：选择此复选框，可区分全角或半角的英文字符和数字，否则不予区分。

（6）特殊格式字符：如要找特殊字符，则可单击"特殊格式"按钮，在打开的列表中选择所需要的特殊格式字符。

（7）"格式"按钮：可设置所要查找文本的指定格式。

（8）"更少"按钮：单击"更少"按钮可返回常规查找方式。

图 3-10　高级查找

2. 替换文本

编辑文档时，如果要将某些文本替换成另外的文本，例如将"电脑"替换为"计算机"，而文章中不止一处出现"电脑"这一词汇，这时使用替换功能则非常方便。简单的替换文本步骤如下：

在【开始】选项卡的【编辑】组中单击【替换】命令，弹出【查找和替换】对话框，在【查找内容】文本框中输入要被替换的文本；在【替换为】文本框中输入要替换的文本。单击【替换】按钮，可以查找一处替换一处；单击【全部替换】按钮，则直接全部替换（如图 3-11 所示）。

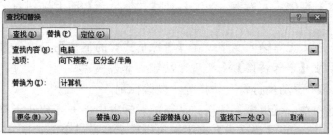

图 3-11　替换

但是在实际应用中有需要用到更多的功能，使用【查找和替换】中的【更多】选项（如图 3-12），可以实现以下一些常用的替换任务：

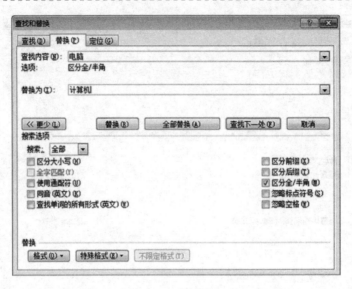

图 3-12　高级替换

1）查找和替换具有格式的文字

在【查找内容】文本框中，搜索带有特定格式的文字方法是，先输入文字，然后单击【格式】按钮，根据要求设定所需格式，确认后会在【查找内容】文本框下方看到设置好的格式。

在【替换为】框中输入替换文字，然后单击【格式】按钮，根据要求设定所需格式，确认后会在【替换为】文本框下方看到设置好的格式。然后点击"替换"或"全部替换"来实现单次或全部替换。

当不需要对文字设置格式时，可以点击【不限定格式】按钮。

2）查找和替换特殊符号

在【查找内容】框中，无需输入文字，在【特殊格式】的下拉列表中，选定所需的特殊符号。

在【替换为】框中无需输入文字，在【特殊格式】的下拉列表中，选定所需的特殊符号。点击【替换】或【全部替换】来实现单次或全部替换。

3）将文档中的"手动换行符"替换为"段落标记"

在【替换】框中单击【更多】按扭，从新的对话框中单击【特殊字符】在列表框中选择【手动换行符】，然后在【替换为】框中；执行单个替换或全部替换。

（4）删除空格

打开【查找和替换】对话框，在【查找内容】框中输入空格（按下键盘上的空格即可），【替换为】框中什么也不输入；执行单个替换或全部替换。

第四节　文档的基本编排

一、设置文本格式

文本是构成文档的基本要素，良好的文本格式可以使文档显得生动活泼，富有美感。在 Word 2010 中设置文本格式时可以采用两种方法：一是使用浮动工具栏；二是使用【开始】选项卡的【字体】组，见表 3-2。

表 3-2　字体选项按钮说明

按钮	作用	示例
B	加粗	笑对人生→笑对**人生**
I	倾斜	笑对人生→笑对*人生*
U	下划线	笑对人生→笑对人生
A	字符边框	笑对人生→笑对人生
abc	删除线	笑对人生→笑对人生
x₂	下标	笑对人生→笑对人生
x²	上标	笑对人生→笑对人生
aby	以不同颜色突出显示文本	笑对人生→笑对人生
A	字符底纹	笑对人生→笑对人生
A	增大字体	笑对人生→笑对人生
A	缩小字体	笑对人生→笑对人生

在 Word 2010 中，当选择文本时，文本的右上角将显示一个浮动工具栏，如果需要使用它，可以将光标指向它，这时浮动工具栏由半透明状态变为不透明状态；如果不想使用它，可以不必理会，它会自动消失（如图 3-13 所示）。

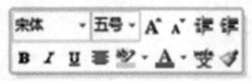

图 3-13　字体浮动工具栏

在【开始】选项卡的【字体】组中可以更全面地设置文本格式，所以为了便于描述，后面统一使用【字体】组来设置文本格式（如图 3-14 所示）。

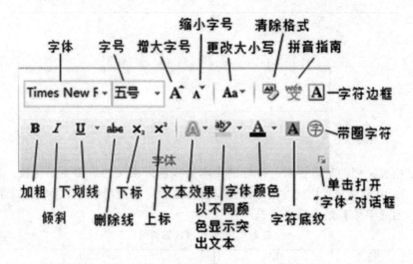

图 3-14　字体选项组

1. 设置文本字体

字体是指文本的形体，Windows 系统提供了多种字体，如果用户要使用更多的字体，则需要在控制面板的"字体库"中安装。设置文本字体的操作步骤如下：

（1）选择要改变字体的文本（如图 3-15 所示）。

（2）在【开始】选项卡的【字体】组中打开"字体"下拉列表，选择所需字体的名称，如"黑体"、"华文中宋"等。

图 3-15　文本字体

2. 设置文本字号

字号有两种表示方法：一种是中文表示，如二号、小四号等，字号越大对应的文本越小；另一种是数字表示（即磅值），如 9、11、20 等，数值越大对应的文本越大。设置文本字号的操作步骤如下：

（1）选择要改变字号的文本。

（2）在【开始】选项卡的【字体】组中打开【字号】下拉列表，选择所需字体的字号，如"一号""28"等，需要注意的是可以在【字号】框中直接输入磅值（如图 3-16 所示）。

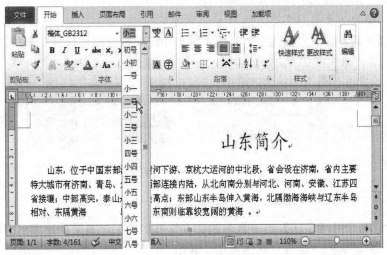

图 3-16　文本字号

3. 设置文本颜色

编辑文档时，尤其是报刊、杂志，对于特殊的内容可以设置为不同的颜色，这样不但可以使文档给人以赏心悦目的感觉，整个版面也会重点突出。设置文本颜色的具体操作步骤如下：

（1）选择要改变颜色的文本（如图 3-17 所示）。

（2）在【开始】选项卡的【字体】组中单击【字体颜色】按钮右侧的小箭头，在打开的下拉列表中可以设置文本的颜色。

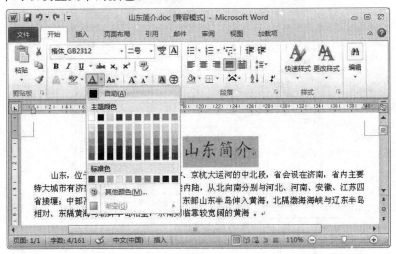

图 3-17　文本颜色

4. 设置文本字形与效果

字形是指对文本进行加粗、倾斜、下划线等修饰，这些设置可以联合使用。另外，Word 2010 还提供了一些特殊、复杂的文本格式，如上下标、删除线、边框和底纹等格式。设置文本字形与效果的操作步骤如下：

（1）选择要改变字形的文本（如图 3-18 所示）。

（2）在【开始】选项卡的【字体】组中单击相应的按钮即可设置字形与效果。

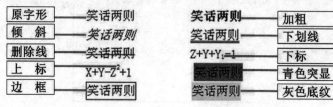

图 3-18　文本字形与效果

5. 使用【字体】对话框

【开始】选项卡的【字体】组中提供的文本效果比较少，如果要设置更多的文本格式，可以在【字体】对话框中设置，具体操作步骤如下：

（1）选择要设置格式的文本。

（2）在【开始】选项卡中单击【字体】组右下角的【对话框启动器】按钮，打开【字体】对话框，如图 3-19 所示。在【字体】选项卡中可以设置更丰富的文本格式，如字体、字号、颜色、下划线、着重号、效果等。

（3）设置好参数以后，单击【确定】按钮即可得到相应的文本效果。

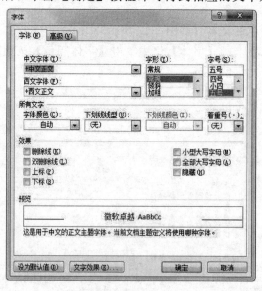

图 3-19　字体对话框

6. 设置字符间距、缩放与位置

字符间距是指相邻字符间的距离，字符缩放是指字符的宽高比例（百分数来表示），

字符位置是指字符和相邻字符在垂直方向上的相对位置。

操作步骤如下：

（1）选择要设置字符间距与位置的文字。

（2）打开【字体】对话框，切换到【高级】选项卡。在【间距】下拉列表中选择"加宽"或"紧缩"，在其右侧的【磅值】文本框中输入数值，可以设置字符间距（如图 3-20 所示）。

（3）用同样的方法，在【位置】下拉列表中选择"提升"或"降低"，然后在右侧的【磅值】文本框中输入数值，可以调整字符的位置。

（4）同样地，在【缩放】下拉列表中选择缩放比例，可以调整字符的宽高比。

（5）设置参数以后单击确定按钮，即可得到相应的效果。

图 3-20　字体高级选项卡

二、设置段落格式

1. 设置对齐方式

段落的对齐方式是指页面中的段落在水平方向上的对齐方式，包含以下对齐方式：

（1）左对齐：文本靠左边排列，段落左边对齐。

（2）右对齐：文本靠右边排列，段落右边对齐。

（3）居中对齐：文本由中间向两边分布，始终保持文本处在行的中间。

（4）两端对齐：段落中除最后一行以外的文本都均匀地排列在左右边距之间，段落左右两边都对齐。

（5）分散对齐：将段落中的所有文本（包括最后一行）都均匀地排列在左右边距之间。

设置段落对齐方式的操作步骤如下：

（1）将光标定位在要设置对齐方式的段落中。

（2）在【开始】选项卡的【段落】组中单击不同的对齐方式按钮，或者在【段落】对话框中的【对齐方式】的下拉列表中选择对齐方式，可以设置段落的对齐方式。图 3-21 所示分别为段落的 5 种对齐效果：左对齐、居中对齐、右对齐、两端对齐和分散对齐。

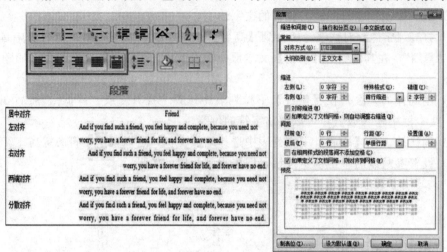

图 3-21　段落的 5 种对齐效果

2. 设置段落缩进

缩进是表示段落的首行、左边和右边距离页面左边和右边以及相互之间的距离关系。缩进有以下 4 种：

（1）左缩进：段落的左边距离页面左边距的距离。

（2）右缩进：段落的右边距离页面右边距的距离。

（3）首行缩进：段落第一行由左缩进位置向内缩进的距离，中文习惯首行缩进一般两个汉字宽度。

（4）悬挂缩进：段落中除第一行以外的其余各行由左缩进位置向内缩进的距离。

在 Word 2010 中，可以使用标尺设置段落的缩进，具体操作步骤如下：

（1）单击垂直滚动条上方的【标尺】按钮，显示标尺。

（2）将光标定位于要设置缩进的段落中。

（3）拖动水平标尺上的缩进标记，如图 3-22 所示，即可完成段落的缩进设置。

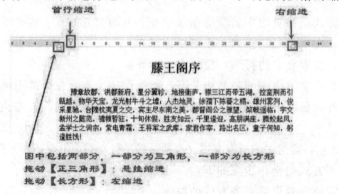

图 3-22　水平标尺上的缩进标记

使用标尺设置段落缩进比较方便，但是并不十分精确，例如，设置每一段文字的首行缩进2个字符，使用【段落】对话框比较理想，其具体操作步骤如下：

（1）选择要缩进的一个或多个段落。

（2）在【开始】选项卡中单击【段落】组右下角的【对话框启动器】按钮。

（3）打开【段落】对话框，在【缩进】选项组中可以设置段落的缩进，例如在【特殊格式】下拉列表中选择"首行缩进"，缩进量为"2字符"，如图3-23所示。

（4）单击【确定】按钮，则所选的段落将首行缩进2个字符。

图 3-23 设置缩进参数

3. 设置行间距和段间距

行间距是指段落内行与行之间的距离，段间距是指上一段落的最后一行和下一段落的第一行之间的距离。适当地调整段间距和行间距，可以使文档清晰、美观。在【开始】选项卡的【段落】组中单击【行距】按钮，在打开的下拉列表中选择间距值，可以快速地设置行间距，也可以增加段前和段后的间距量，如图3-24所示。

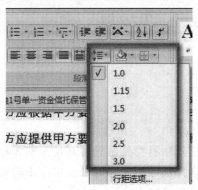

图 3-24 行距按钮

如果要对行间距或段间距进行更多的控制，需要在【段落】对话框中进行设置，操作步骤如下：

（1）选择要调整间距的行或段落内容。

（2）在【开始】选项卡中单击【段落】组右下角的【对话框启动器】按钮，打开【段落】对话框。

（3）在【间距】选项组中设置行或段落的间距值，其中【段前】【段后】选项用于设置段间距。

（4）【行距】选项用于设置行距，在其下拉列表中有"单倍行距""2 倍行距""最小值""固定值"或"多倍行距"等，如图 3-25 所示。

（5）单击【确定】按钮，完成间距设置。

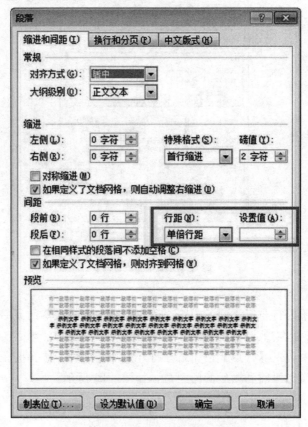

图 3-25 选择行间距

三、项目符号和编号列表

1. 项目符号

通常情况下，要创建和使用项目符号的段落都是一些无序文本，即段落之间是并列的关系，不存在前后顺序问题。添加项目符号的基本操作步骤如下：

（1）选择要添加项目符号的段落。

（2）在【开始】选项卡的【段落】组中单击【项目符号】按钮，则直接添加默认的项目符号，如图 3-26 所示。

（3）如果需要使用不同的项目符号，则单击【项目符号】按钮右侧的三角箭头，在打开的下拉列表中选择其他项目符号，如图 3-27 所示。

图 3-26　添加默认的项目符号

图 3-27　选择其他项目符号

（4）如果列表中没有需要的项目符号样式，可以选择【定义新项目符号】选项，打开【定义新项目符号】对话框，如图 3-28 所示。

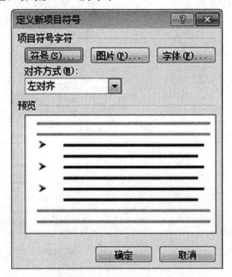

图 3-28　定义新项目符号

（5）单击【符号】按钮，在打开的【符号】对话框中选择一个符号，然后单击确定按钮，返回【定义新项目符号】对话框。

（6）在【定义新项目符号】对话框中再单击【确定】按钮，则为所选段落设置了自定义的项目符号。

2. 使用图片作为项目符号

为了使 Word 文档更加美观，用户可以自己动手制作图片，将它作为项目符号使用，这样可以使文档更有个性，更具吸引力。使用图片作为项目符号的操作步骤如下：

（1）在文档中选择要添加项目符号的段落。

（2）参照前面的方法，打开【定义新项目符号】对话框，单击【图片】按钮。

（3）在打开的【图片项目符号】对话框中选择一幅图片，单击【确定】按钮，返回

【定义新项目符号】对话框。如果要使用自己设计的图片作为项目符号，需要单击【导入】按钮，在打开的【将剪辑添加到管理器】对话框中选择图片。

（4）单击【确定】按钮确认，则使用选择的图片作为项目符号。

3. 项目编号

Word 的编号功能是很强大的，可以轻松地设置多种格式的编号以及多级编号等。默认情况下，编号是由阿拉伯数字构成的。Word 2010 提供了 7 种标准的编号样式，并且也允许用户自定义编号。使用编号的操作步骤如下：

（1）选择要添加编号的段落。

（2）在【开始】选项卡的【段落】组中单击【编号】按钮，则直接添加默认的编号。

（3）如果需要使用其他形式的编号，则单击【编号】按钮右侧的小箭头，在打开的下拉列表中选择一种形式的编号即可（如图 3-29 所示）。

（4）如果想自己定义编号形式，可以在列表中选择【定义新编号格式】选项，打开【定义新编号格式】对话框，在【编号样式】选择编号的种类（如图 3-30 所示），然后可以在【编号格式】文本框中编辑文字，达到如"第 1 章"这样的自定义编号效果。

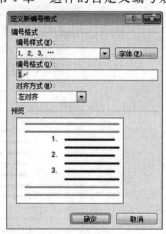

图 3-29　选择其他编号　　　　　　图 3-30　定义新编号格式

四、使用格式刷复制格式

使用格式刷的具体操作步骤如下：

（1）选择含有要复制格式的文本。

（2）在【开始】选项卡的【剪贴板】组中单击【格式刷】按钮，这时光标将变为刷子形状。（如果要进行多次应用，则需要双击【格式刷】按钮）。

（3）将刷子形状的光标去拖动选择要复制格式的文本。

（4）释放鼠标，则完成了文本格式的复制。如果在第 2 步中是单击【格式刷】按钮，则使用一次后自动关闭格式刷，如果是双击【格式刷】按钮，可以多次使用格式刷复制格式，直到再次单击【格式刷】按钮或者按了键盘上的【ESC】键。

五、设置边框与底纹

1. 添加边框

为了使文档中的某些文字更加醒目或美化整篇文档，可以为其添加边框。添加边框的方法很简单，操作步骤如下：

（1）选择要添加边框的文字或段落。

（2）在【开始】选项卡的【段落】组中单击【边框】按钮右侧的小箭头，在打开的下拉列表中选择【边框和底纹】选项。

（3）打开【边框和底纹】对话框，首先在【应用于】下拉列表中确定要添加边框的是"文字"还是"段落"，然后选择"样式""颜色""宽度"等参数，最后还可以在【预览】中点击上下左右四个"线段"按钮，个性化的添加边框，界面如图 3-31 所示。

（4）单击【确定】按钮，则为所选内容添加了边框（如图 3-32 所示）。

图 3-31 边框和底纹选项

图 3-32 设置边框样式

2. 页面边框

在 Word 2010 中还可以添加页面边框，添加页面边框时，边框添加在页边距的位置上。在【边框和底纹】对话框中切换到【页面边框】选项卡，方法和给文字加边框是一样的方法，只是多了个【艺术型】边框（如图 3-33 所示），可以在其下拉列表中选择一种艺术型边框。

图 3-33　艺术型边框

3. 添加底纹

对于一些特殊的文档内容，例如要引起读者注意的内容、重点内容等，我们可以为其添加底纹，以示强调。为文本添加底纹的操作步骤如下：

（1）选择要添加底纹的文本。

（2）在【开始】选项卡的【段落】组中单击【主题颜色】按钮右侧的小箭头，在打开的下拉列表中选择一种颜色即可，如图 3-34 所示。

（3）如果要使用更丰富的颜色，则在列表中选择【其他颜色】选项，在打开的【颜色】对话框中进行设置即可（如图 3-35 所示）。

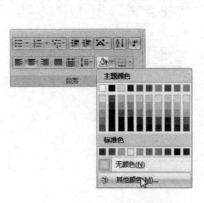

图 3-34　为文本添加底纹

图 3-35　颜色选项

如果要为整个段落添加底纹，具体操作方法如下。

（1）选择要添加底纹的段落。

（2）在【开始】选项卡的【段落】组中单击【边框】按钮右侧的小箭头，在打开的下拉列表中选择【边框和底纹】选项。

（3）在打开的【边框和底纹】对话框中切换到【底纹】选项卡，在【应用于】下拉列表中选择"段落"选项，然后通过【填充】选项设置颜色；除了可以给段落和文字添加纯色的底纹以外，还可以通过【样式】下拉列表和其下面的【颜色】下拉列表为对象添加图案底纹。

（4）单击【确定】按钮，即可为段落添加底纹（如图 3-36 所示）。

图 3-36　为段落添加底纹

第五节　图文混排技术

Word 提供了强大的图文混排功能，可以轻松地实现图文并茂的编排效果，在 Word 中可以使用两类图形来增强文档的排版效果：图形与图像。图形是在 Word 中绘制或插入的自选图形、艺术字、剪贴画、SmartArt 对象等；图像是来自外部的照片或绘图软件生成的图片文件。

一、插入与修饰形状

1. 插入形状

使用 Word 提供的形状功能可以完成一些基本形状的绘制，如流程图、箭头、星形等，可以帮助用户方便地实现图文效果。插入形状的具体操作步骤如下：

（1）在【插入】选项卡的【插图】组中单击【形状】按钮下方的三角箭头，在下拉列表中选择一种形状，如图 3-37 所示。

（2）在页面中单击鼠标，则生成一个预定大小的形状；拖动鼠标，则可以创建任意大小的形状。

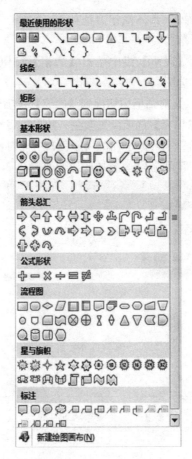

图 3-37　选择形状

2. 修饰形状

当在文档中插入了形状以后，将出现【格式】选项卡，主要用于修改与修饰形状，在形状的【格式】选项卡中可以修改形状的大小与位置，改变其线型与颜色，设置填充色、阴影与三维效果等（如图 3-38 所示）。

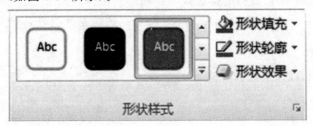

图 3-38　形状样式组

如果要改变形状轮廓的线型与颜色，可以按照以下步骤操作：

（1）选择插入的形状，例如"五角星"形状。

（2）在【格式】选项卡的【形状样式】组中单击【形状轮廓】按钮，在打开的下拉列表中指向【粗细】选项，在其子列表中选择适当的粗细即可（如图 3-39 所示）。

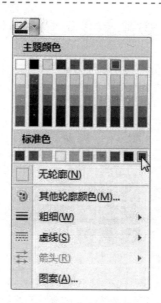

图 3-39 设置形状轮廓

（3）用同样的方法，可以设置虚线线型。

（4）如果要更改形状轮廓的颜色，直接在【形状轮廓】下拉列表中选择一种颜色即可。

默认情况下，在 Word 中插入的形状没有填充色，只是一个外轮廓。实际上可以为形状填充各种各样的颜色或图案。具体操作步骤如下：

（1）选择要设置填充效果的形状。

（2）在【格式】选项卡的【形状样式】组中单击【形状填充】按钮，在打开的下拉列表中选择一种颜色即可，如图 3-40 所示。

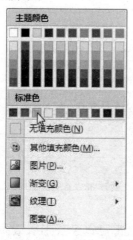

图 3-40 为形状填充颜色

（3）如果要使用渐变色进行填充，可以在【渐变】子列表中选择一种预设的渐变效果，如图 3-41 所示。

（4）如果要使用其他渐变色，则在子列表中选择【其他渐变】选项，打开【设置形状格式】对话框（如图 3-42 所示），这是一个综合设置对话框，可以设置填充、线条颜色、三维格式、阴影等特殊的效果。

图 3-41　选择预设的渐变效果

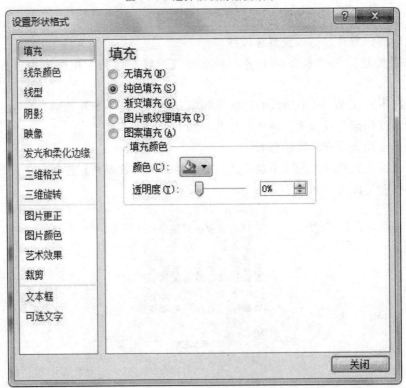

图 3-42　设置形状格式

在 Word 中插入的大部分形状都可以设置形状效果，如阴影、发光、映像、柔化边缘、棱台等，从而使形状具有三维空间表现力。设置形状效果的具体操作步骤如下：

（1）选择一个形状。

（2）在【格式】选项卡的【形状样式】组中单击【形状效果】按钮，在打开的下拉列表中选择一种效果，例如选择【映像】，这时会打开【映像】子列表，如图 3-43 所示。

（3）选择一种映像效果，预览映像效果。

图 3-43　选择映像效果

（4）如果要对映像效果设置更多选项，则需要在【映像】子列表中选择【映像选项】选项，这时将弹出【设置形状格式】对话框，在这里可以设置更多选项。

二、使用 SmartArt 图形

1. 插入 SmartArt 图形

使用 SmartArt 图形，可以简洁方便地表述某种关系，与文字描述相比，它更加直观、更易于理解。SmartArt 图形分为为七类：列表、流程、循环、层次结构、关系、矩阵和棱锥图。用户可以根据自己的需要创建不同的图形。如果要在 Word 文档中使用 SmartArt 图形，可以按如下步骤操作：

（1）首先定位光标，然后在【插入】选项卡的【插图】组中单击【选择 SmartArt 图形】按钮。

（2）打开【选择 SmartArt 图形】对话框，如图 3-44 所示。该对话框分为左、中、右三列，左侧一列为 SmartArt 图形的类型，中间一列是子类型，右侧一列是选中的 Smart-Art 图形的预览效果，根据需要选择 SmartArt 图形。

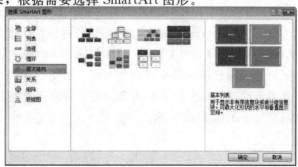

图 3-44　SmartArt 图形

（3）单击【确定】按钮，则在文档中插入相应的 SmartArt 图形，如图 3-45 所示。

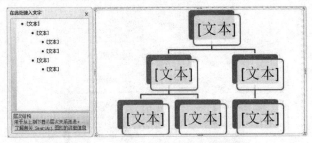

图 3-45　插入的 SmartArt 图形

（4）在图形中单击文本占位符，输入所需要的内容即可。

2. 修改 SmartArt 图形

在 Word 文档中插入 SmartArt 图形以后，可以对其结构与样式进行修改，从而得到自己所需要的效果。

插入 SmartArt 图形以后，其默认的形状数目并不一定符合要求，可以根据需要自由添加，下面接着前面的 SmartArt 图形继续操作，具体步骤如下：

（1）选择形状，在【设计】选项卡的【创建图形】组中单击【添加】按钮，在打开的下拉列表中选择【在后面添加形状】选项，如图 3-46 所示。

（2）在 SmartArt 图形中，"财务处"形状的后面会出现一个新的形状，如图 3-47 所示。

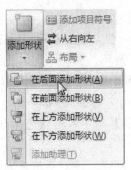

图 3-46　添加形状选项

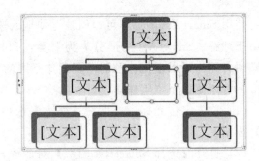

图 3-47　添加新形状

除了可以对 SmartArt 图形的结构进行更改以外，也可以更改其颜色或者使用系统提供的 SmartArt 样式，从而使 SmartArt 图形更加漂亮，具体操作步骤如下：

（1）选择 SmartArt 图形，在【设计】选项卡的【SmartArt 样式】组中单击【更改颜色】按钮，在打开的下拉列表中选择一种主题颜色即可，如图 3-48 所示。

（2）在【设计】选项卡的【布局】组中单击布局右下角的下拉按钮，在打开的下拉列表中选择要使用的布局即可，如图 3-49 所示。

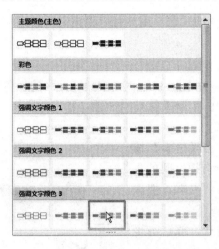

图 3-48 选择主题颜色

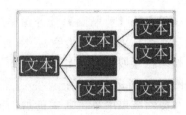

图 3-49 选择布局

三、插入艺术字

Word 中的艺术字虽然称为"字"，但是从本质上而言，它是一幅图片，它可以对文档起到一定的装饰作用。在文档中插入艺术字的操作步骤如下：

（1）将光标定位在要插入艺术字的位置。

（2）在【插入】选项卡的【文本】组中单击【艺术字】按钮，在打开的下拉列表中选择一种艺术字的样式，如图 3-50 所示。

（3）这时文档编辑区中将出现艺术字占位符，提示输入艺术字，根据需要输入文字即可，然后可以设置字体、字号等选项。

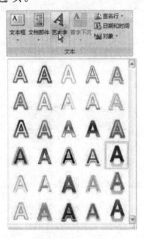

图 3-50 选择艺术字样式

四、插入剪贴画

Word 2010 提供了一个剪辑库，剪辑库中提供了大量的剪贴画图片，这些图片都是经过专业设计的，画面非常精美，可以表达不同的主题，用户可以根据需要将它们插入到文档中。

在文档中插入剪贴画的操作步骤如下：

（1）将光标定位在要插入剪贴画的位置。

（2）在【插入】选项卡的【插图】组中单击【剪贴画】按钮。

（3）在弹出的【剪贴画】任务窗格中单击【搜索】按钮（【搜索文字】文本框中为空），将列出所有搜索到的各种图片。如果在【搜索文字】文本框中输入"汽车，搜索结果"如图 3-51 所示。

（4）在搜索结果中单击所需的剪贴画图片，剪贴画将自动插入到光标位置处。

图 3-51　搜索图片

五、插入图片

在文档中插入图片的操作步骤如下：

（1）将光标定位在要插入图片的位置。

（2）在【插入】选项卡的【插图】组中单击【图片】按钮，弹出【插入图片】对话框，在左侧的结构列表中选择图片所在的位置，然后在右侧的文件列表中选择要插入的图片，如图 3-52 所示。

（3）单击【插入】按钮，即可在文档中插入指定的图片。

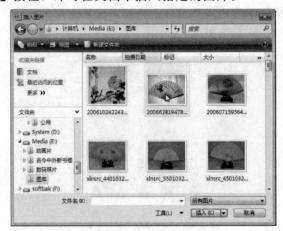

图 3-52　插入本地图片

六、修改剪贴画和图片

1. 调整大小和角度

调整剪贴画或图片大小和角度的具体操作步骤如下：

（1）选择要调整的剪贴画或图片，如图 3-53 所示，这时剪贴画或图片的四周将出现 8

个缩放控制点和一个旋转控制点。

（2）将光标指向角端的控制点，当光标变为双向箭头时按住左键拖曳鼠标，可以改变剪贴画或图片的大小。

（3）将光标指向旋转控制点，当光标变为形状时按住左键拖曳鼠标，当达到一定角度后释放鼠标，即可旋转剪贴画或图片。

使用上述方法调整图片的大小与角度，虽然操作方便，但是不能精确控制图片的大小和旋转角度。如果要精确调整剪贴画或图片的大小，可以先选择要调整的剪贴画或图片，然后在【格式】选项卡的【大小】组中直接输入【高度】或【宽度】值，即可改变其大小，这两个值是锁定纵横比的，调整任意一个值，另一个值随之同步变化。如果想要分别设置高度和宽度，可以点击【大小】组右下角的【对话框启动器】按钮，弹出【布局】对话框，去掉【锁定纵横比】勾选（如图 3-54 所示）。

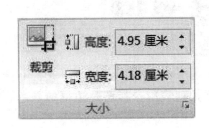

图 3-53　设置图片的大小

图 3-54　锁定纵横比

2. 裁剪图片

裁剪图片的操作步骤如下：

（1）选择要裁剪的剪贴画或图片。

（2）在【格式】选项卡的【大小】组中单击【裁剪】按钮，则图片周围出现裁剪框，如图 3-55 所示。

（3）将光标指向裁剪框的控制点上，按住左键拖曳鼠标，即可裁剪剪贴画或图片。通过拖动角端的控制点，可以同时在高度和宽度方向上进行裁剪；而通过拖动边缘上的控制点，则可以单独在高度或宽度方向上进行裁剪。

图 3-55　图片周围出现裁剪框

3. 旋转与翻转

插入到 Word 文档中的剪贴画或图片，可以进行简单的旋转与翻转操作，具体操作步骤如下：

（1）选择要旋转与翻转的剪贴画或图片；

（2）在【格式】选项卡的【排列】组中单击【旋转】按钮，在打开的下拉列表中选择相应选项，如图 3-56 所示；

（3）选择一个选项后，马上就会得到图片的旋转或翻转效果。

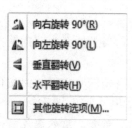

图 3-56　旋转下拉列表

4. 设置样式

应用与修改图片样式的操作步骤如下：

（1）选择要使用样式的剪贴画或图片。

（2）在【格式】选项卡的【图片样式】组中单击右下角的下拉按钮，在打开的下拉列表中选择要使用的样式即可，如图 3-57 所示。

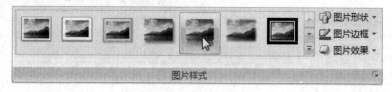

图 3-57　选择图片样式

（3）单击【图片边框】按钮，在打开的下拉列表中选择图片边框的颜色、粗细、线型，如图 3-58 所示。

（4）单击【图片效果】按钮，在打开的下拉列表中可以为图片选择所需的视觉效果，如阴影、映像、发光、柔化边缘、三维旋转等，如图 3-59 所示。

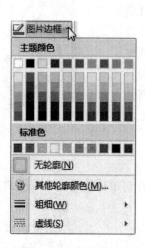

图 3-58　设置图片边框

图 3-59　选择图片效果

七、使用文本框

1. 插入内置文本框

Word 2010 提供了一些内置的文本框，它们是一些预置的版式，插入内置文本框以后，可以直接得到预期的效果，非常方便，具体操作步骤如下：

（1）在【插入】选项卡的【文本】组中单击【文本框】按钮，在打开的下拉列表中选择需要的文本框样式，如图 3-60 所示。

（2）选择了一种文本框样式以后，则页面出现该文本框，单击其中的文字，输入自己所需要的文字即可。

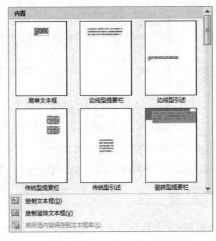

图 3-60 使用内置文本框

2. 绘制文本框

除了使用内置的文本框以外，用户也可以自行绘制文本框。绘制文本框时，既可以先绘制文本框再输入文字，也可以先选择文本再为其添加文本框。如果要在文档中绘制一个空文本框，具体操作步骤如下：

（1）在【插入】选项卡的【文本】组中单击【文本框】按钮，在打开的下拉列表中选择【绘制文本框】或【绘制竖排文本框】选项。

（2）将光标移动到页面内拖动鼠标，即可创建一个空文本框，在文本框中输入所需要的文字即可。

如果要为已有的内容添加文本框，具体操作步骤如下：

（1）选择要添加文本框的内容，如文字或图片。

（2）在【插入】选项卡的【文本】组中单击【文本框】按钮，在打开的下拉列表中选择【绘制文本框】或【绘制竖排文本框】选项，则为选择的内容添加了文本框。

（3）根据需要调整其大小与位置即可。

八、设置图文混排方式

设置图文混排的操作步骤如下：

·选择要图文混排的对象，如形状、剪贴画、图片、文本框或艺术字等。

·在【格式】选项卡的【排列】组中单击【文字环绕】按钮（或【自动换行】），在打开的下拉列表中选择一种文字环绕方式，如图 3-61 所示。

·如果需要进一步个性化设置环绕方式，可以在下拉列表中选择【其他布局选项】，打开【布局】对话框。

 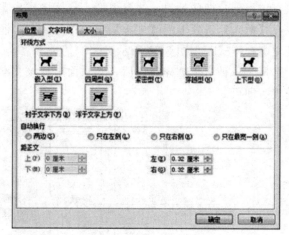

图 3-61　文字环绕方式

下面介绍一下 Word 中提供的文字环绕方式（如图 3-62、图 3-63、图 3-64、图 3-65、图 3-66、图 3-67、图 3-68 所示）。

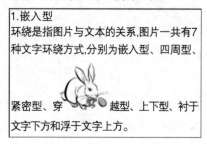

图 3-62　嵌入型

图 3-63　四周型

图 3-64　紧密型环绕

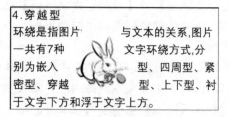

图 3-65　穿越型环绕

5. 上下型
环绕是指图片与文本的关系，图片一共有7种文字环绕方式，分别为嵌入型、四周型、

紧密型、穿越型、上下型、衬于文字下方和浮于文字上方。

图 3-66　上下型环绕

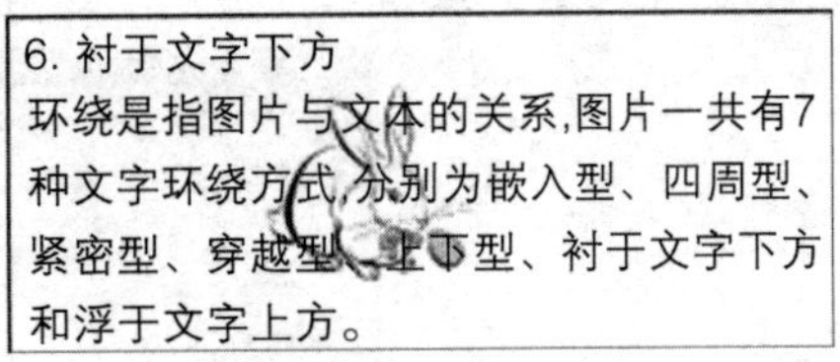

6. 衬于文字下方
环绕是指图片与文本的关系，图片一共有7种文字环绕方式，分别为嵌入型、四周型、紧密型、穿越型、上下型、衬于文字下方和浮于文字上方。

图 3-67　衬于文字下方

7. 浮于文字上方
环绕是指图片与文本的关系，图片一共有7种文字环绕方式，分别为嵌入型、四周型、紧密型、穿越型、上下型、衬于文字下方和浮于文字上方。

图 3-68　浮于文字上方

第六节　创建与编辑表格

表格是一种简洁而有效的数据表达方式，结构严谨、效果直观，一张表格往往可以代替很多文字描述。在日常生活中经常接触到表格，例如个人简历、课程表、财务报表等，Word 2010 具有一定的表格处理能力。

一、创建表格

1. 插入规则表格

插入规则表格第一种方法的具体操作步骤如下：

（1）将光标定位在要创建表格的文档中。

（2）在【插入】选项卡的【表格】组中单击【表格】按钮，在打开的下拉列表中移动鼠标，选择需要的行数和列数，如图 3-69 所示。

（3）当达到所需要的行数和列数以后单击鼠标，则在光标位置处插入了表格。

第二种方法的具体操作步骤如下：

（1）将光标定位在要创建表格的文档中。

（2）在【插入】选项卡的【表格】组中单击【表格】，在打开的下拉列表中选择【插入表格】选项。

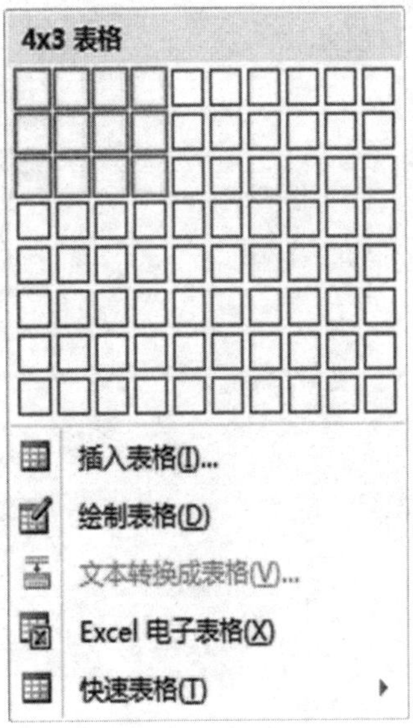

4x3 表格

插入表格(I)...
绘制表格(D)
文本转换成表格(V)...
Excel 电子表格(X)
快速表格(T)

图 3-69　选择表格的行数和列数

（3）在弹出的【插入表格】对话框中设置表格的【列数】和【行数】的值，如图 3-70 所示。

（4）单击【确定】按钮，即可以创建规则的表格。

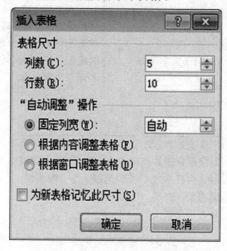

图 3-70　设置表格的行数和列数

2. 创建快速表格

Word 2010 提供了快速创建表格功能，它是一组预先设好格式的表格模板，表格模板包含示例数据、外观样式、字体格式等，可以帮助用户快速得到所需要的表格。创建快速表格的具体操作步骤如下：

（1）在【插入】选项卡的【表格】组中单击【表格】按钮，在打开的下拉列表中指向【快速表格】选项，则出现预置的表格模板列表。

（2）在表格模板列表中单击需要的表格样式，即可创建一个相应外观的表格，如图 3-71所示。

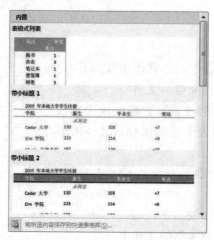

图 3-71　选择快速表格样式

3. 绘制表格

在日常工作中，经常会接触到不规则的表格，例如个人简历表，对于这样的表格，往往都使用手工绘制的方法来创建，具体操作方法如下：

（1）在【插入】选项卡的【表格】组中单击【表格】按钮，在打开的下拉列表中选择【绘制表格】选项，则光标变为铅笔状。

（2）在页面中拖动鼠标，绘制表格的外边框，这时将自动弹出【设计】选项卡。

（3）在外边框的内部继续水平或垂直拖动鼠标，绘制出表格的内部线条。

（4）在绘制表格的过程中，对于多余的线条可以进行擦除。在【设计】选项卡的【绘图边框】组中单击【橡皮擦】按钮，这时光标变为橡皮状。

（5）在要删除的线条上拖动鼠标，可以将多余的线条擦除。

（6）按下 Esc 键，退出【橡皮擦】按钮的工作状态，这时将光标指向表格的线条，则光标变为双向箭头，按下鼠标左键进行拖动，可以调整表格的行高或列宽。

4. 文本转换成表格

Word 中允许用户将设置了文字分隔符的文本转换成表格，具体操作方法如下：

（1）选择设置了分隔符的文本

（2）在【插入】选项卡的【表格】组中单击【表格】按钮，在打开的下拉列表中选择【文本转换成表格】选项。

（3）在弹出的【将文本转换成表格】对话框中，根据所选文字的分隔方式，选择相应的分隔符，点击【确定】按钮（如图 3-72 所示）。

图 3-72　文字转换成表格

二、表格的基本操作

1. 选择单元格

要对表格中的单元格进行操作，首先需要选择单元格，而选择单元格的方法有两种：

（1）用鼠标去划选单个单元格、单元格区域、行和列。

（2）当鼠标定位到一个表格中时，表格的右上角会出现一个按钮，这个按钮叫作【表格选择】按钮，单击这个按钮就会方便快捷的选择整个表格。

（3）在【布局】选项卡的【表】组中，单击【选择】按钮，就会在下拉列表中出现选择单元格、选择列、选择行和选择表格四个选项（如图 3-73 所示）。

图 3-73　选择单元格

2. 插入单元格、行或列

在表格中插入单元格的操作步骤如下：

（1）将光标定位在要插入单元格的位置。如果要插入多个单元格，应选择相同数量的单元格。

（2）在【布局】选项卡中单击【行和列】组右下角的【对话框启动器】按钮，在弹出的【插入单元格】对话框中选择【活动单元格左移】或者【活动单元格下移】，然后单击【确定】按钮。

如果要在表格的中间位置插入行或列，操作步骤如下：

（1）将光标定位在要插入行或列的位置，如果要插入多行或多列，应选择相应数目的行或列。

（2）在【布局】选项卡的【行和列】组中使用【在上方插入】和【在下方插入】按钮插入行，使用【在左侧插入】和【在右侧插入】按钮插入列（如图 3-74 所示），即可在相应的位置插入行或列。

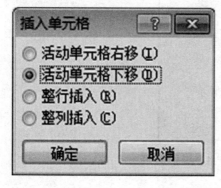

图 3-74　插入单元格、行和列

3. 删除单元格、行或列

制作表格时，用户也可以删除表格中的单元格、行、列或删除整个表格，还可以只删除单元格中的内容。删除单元格、行或列的操作步骤如下：

（1）选择要删除的单元格、行或列。

（2）在【布局】选项卡的【行和列】组中单击【删除】按钮，在打开的下拉列表中选择相应的选项即可，需要注意的是删除单元格时会弹出对话框确认操作行为，如图 3-75 所示。

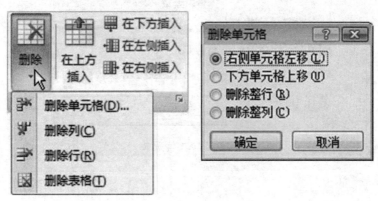

图 3-75　删除单元格

4. 调整行高和列宽

通常情况下，用户可以使用鼠标调整行高和列宽，方法是将光标指向要修改的行或列的边框，当光标变成双向箭头时按住左键拖动鼠标，可以自由地调整行高和列宽。如果需要精确地设置行高和列宽，可以按如下步骤操作：

（1）选择要调整高度或宽度的行或列。

（2）在【布局】选项卡的【单元格大小】组中直接输入【高度】或【宽度】的值即可。

如果需要表格的大部分行列的行高或列宽相等，则可以使用平均分布行列的功能。该功能可以使选择的每一行或每一列都使用平均值作为行高或列宽。步骤如下：

（1）选择要操作的行或列。

（2）在【布局】选项卡的【单元格大小】组中点击【分布行】或者【分布列】按钮。

5. 合并与拆分单元格

在实际工作中，用户使用最多的是不规则表格。这种不规则的表格可以通过对规则的表格进行修改后获得。通过合并与拆分单元格，可以帮助用户快速修改表格（如图 3-76 所示）。

合并单元格是指将多个连续的单元格合并为一个单元格，操作步骤如下：

（1）选择要合并的多个连续单元格。

（2）在【布局】选项卡的【合并】组中单击【合并单元格】按钮（或者在所选单元格上单击鼠标右键，从弹出的快捷菜单中选择【合并单元格】命令），则所选的单元格被合并为一个单元格。

拆分单元格是指将一个单元格拆成多个单元格，操作步骤如下：

（1）在要拆分的单元格中单击鼠标，定位光标。

（2）在【布局】选项卡的【合并】组中单击【拆分单元格】按钮（或者在所选单元格上单击鼠标右键，从弹出的快捷菜单中选择【拆分单元格】命令），弹出【拆分单元格】

对话框，在对话框中设置要拆分的行数或列数。

（3）单击【确定】按钮，即可拆分单元格（如图 3-76 所示）。

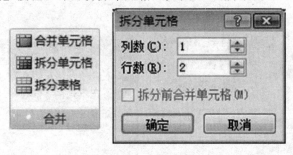

图 3-76　拆分单元格

三、设置表格属性

如果要对表格的属性进行设置，可以按照如下步骤操作：

（1）将光标定位在表格的任意位置处。

（2）在【布局】选项卡的【表】组中单击【属性】按钮，打开【表格属性】对话框，在【表格】选项卡中可以设置表格的属性，如表格宽度、表格与文字的对齐方式等。

（3）切换到【行】选项卡，在这里可以设置行高、是否允许跨页断行等。设置行高时，通过单击【上一行】按钮或【下一行】按钮来确定目标行。

（4）切换到【列】选项卡，在这里可以设置列宽，通过单击【前一列】按钮或【后一列】按钮来确定目标列，如图 3-77 所示。

图 3-77　表格属性

（5）切换到【单元格】选项卡，可以设置单元格的宽度、单元格内的文字在垂直方向上的对齐方式。

（6）单击【确定】按钮，即可完成表格属性的设置。

通过这个对话框可以一次完成多种设置，适合对 Word 比较熟练的用户使用。

四、美化表格

1. 表格中插入文字

处理绘制完表格以后，就可以向表格中输入文字了，具体操作步骤如下：

（1）单击要输入文字的单元格，定位光标。

（2）选择适当的输入法，输入文字即可。

（3）一个单元格中的内容输入完毕以后，按下键盘上的"↑、↓、←、→"键可以跳到相邻的单元格中进行输入。

2. 文字方向

输入文字时，如果单元格窄而高，而文字比较多，可以将文字竖排，以达到美观效果。更改文字方向的操作步骤如下：

（1）选择要更改文字方向的单元格。

（2）在【布局】选项卡的【对齐方式】组中单击【文字方向】按钮，即可切换文字方向。反复单击该按钮，可以在横向文字与纵向文字之间循环切换。

输入单元格中的文字，还可以进行不同方式的对齐操作，共有 9 种对齐方式，具体操作步骤如下：

（1）选择要进行对齐的一个或多个单元格；

（2）在【布局】选项卡的【对齐方式】组中单击不同的对齐按钮即可（如图 3-78 所示）。

3. 美化表格边框

边框是格式化表格的重要内容，默认情况下，表格边框是一条细线。为了使表格更加美观，可以为表格设置不同的边框。设置表格边框的操作步骤如下：

（1）选择要添加边框的表格或单元格。

（2）在【设计】选项卡的【绘图边框】组中依次设置"笔样式""笔画粗细"和"笔颜色"选项。

图 3-78 单元格对齐方式

（3）在【设计】选项卡的【表格样式】组中单击【边框】按钮的小箭头，在打开的下拉列表中选择边框线的位置，如图 3-79 所示。

在预置的 12 种表格边框样式中，要理解每一种样式所代表的含义，它们都是针对选择的单元格而言的，每一种样式都有一个代表性的按钮，按钮中的虚线位置表示无框线，实线位置表示添加框线。

4. 为表格添加底纹

除了可以修改表格的边框以外，在 Word 中还可以为表格添加底纹，从而使表格更加富有层次，视觉效果更好。为表格添加底纹的操作步骤如下：

（1）选择要添加底纹的表格或单元格。

（2）在【设计】选项卡的【表格样式】组中单击【底纹】按钮右侧的小箭头，在打开

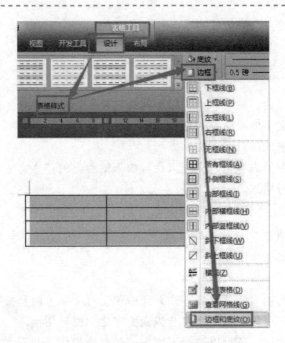

图 3-79 设置表格的边框和底纹

的下拉列表中选择一种颜色即可。

5. 自动套用格式

设置自动套用格式的操作步骤如下：

（1）选择要设置的表格，或者将光标定位在表格中的任意位置处；

（2）在【设计】选项卡的【表格样式】组中单击所需要的预置表格样式即可，如图 3-80 所示；

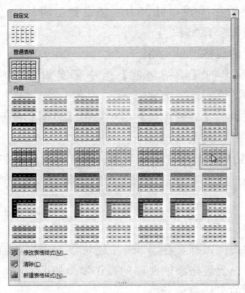

图 3-80 选择预置的表格样式

（3）选择预置的表格样式以后，则表格自动套用了该样式。

五、处理表格数据

在 Word 2010 中不仅可以插入与绘制表格，而且还可以像 Excel 那样处理表格中的数值型数据。例如，运用公式、函数对表格中的数据进行运算；同时还可以根据一定的规律对表格中的数据进行排序，以及进行表格与文本之间的转换。

1. 计算数据

在 Word 文档的表格中，用户可以运用【求和】按钮与【公式】对话框对数据进行加、减、乘、除、求总和等运算。步骤如下：

（1）单击要存入计算结果的单元格。

（2）选择【布局】选项卡，单击【数据】组中的【公式】按钮，打开"公式"对话框。

（3）在【粘贴函数】下拉列表中选择所需的计算公式。如"SUM"，用来求和，则在【公式】文本框内出现"＝SUM（)"。

（4）在公式中输入"＝SUM（LEFT）"可以自动求出所有单元格横向数字单元格的和，输入"＝SUM（ABOVE）"可以自动求出纵向数字单元格的和（如图 3-81 所示）。

图 3-81 表格中插入公式

2. 数据排序

Word 提供了对表格数据进行自动排序的功能，可以对表格数据按数字顺序、日期顺序、拼音顺序、笔画顺序进行排序。步骤如下：

（1）选择需要排序的表格。

（2）启用【布局】选项卡中【数据】组中的【排序】命令。

（3）在弹出的【排序】对话框中，我们可以任意指定排序列，并可对表格进行多重排序（如图 3-82 所示）。

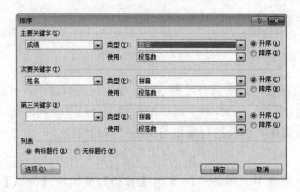

图 3-82 排序

3. 表格转换为文本

Word2010 中为我们提供了很方便将表格转换为文本的方法，步骤如下：

（1）选择需要转换的表格。

（2）启用【布局】选项卡中【数据】选项组中的【表格转换为文本】命令。

（3）在弹出的【表格转换为文本】对话框中，我们可以指定【文字分隔符】。

（4）单击【确定】按钮，完成表格到文本的转换，表格的每一行转变为一段，同一行中的单元格用上一步制定的文字分隔符做分隔。

第七节 文档的高级排版

一、创建特殊的文本效果

文本起着传递信息的作用，一篇文档的核心内容就是文本。但是当构成版面时，文本又可以作为设计元素，让它在传递信息的同时还能够起到美化版面的作用。例如，我们看杂志时经常可以发现一些特殊的文本效果，如首字下沉、纵横混排、拼音、双行合一等，而这些效果在 Word 中可以轻松实现。

1. 首字下沉

首字下沉是指将段落首行的第一个字符增大，使其占据两行或多行位置，在 Word 2010 中为段落设置首字下沉效果的操作步骤如下：

（1）将光标定位在要设置首字下沉的段落中。

（2）在【插入】选项卡的【文本】组中单击【首字下沉】按钮，在打开的下拉列表中选择所需的下沉样式，如图 3-83 所示。

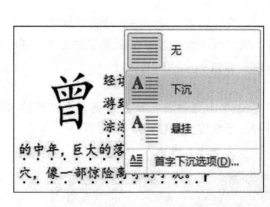

图 3-83　首字下沉

（3）选择了一种下沉样式以后，文字立即显示首字下沉效果，默认显示下沉 3 行。

（4）如果要自由控制首字的下沉效果，则在打开的下拉列表中选择【首字下沉选项】选项，这时将弹出【首字下沉】对话框，在这里可以选择下沉位置、下沉行数、距正文的距离等。

（5）单击【确定】按钮，则完成首字下沉的设置。

2. 文字方向

改变文字方向的操作步骤如下：

（1）选择要改变方向的文本。

（2）在【页面布局】选项卡的【页面设置】组中单击【文字方向】按钮，在打开的下拉列表中可以直接选择文字的排列方向。

（3）如果列表中的文字方向不符合要求，可以选择【文字方向选项】选项，在打开的【文字方向】对话框中设置文字的方向。

（4）单击【确定】按钮，则更改了所选文字的方向，如图 3-84 所示。

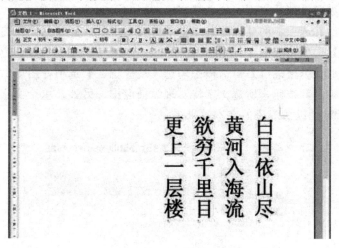

图 3-84　更改文字方向后的效果

3. 拼音指南

编辑文档时，特别是编辑儿童读物时，往往需要对文字进行注音，使用 Word 2010 提供的拼音指南功能可以轻松地完成任务，而且所添加的拼音位于文字的上方，还可以设置拼音的对齐方式。为文字添加拼音的操作步骤如下：

（1）选择要添加拼音的文字。

（2）在【开始】选项卡的【字体】组中单击【拼音指南】按钮，在打开的【拼音指南】对话框中自动生成了拼音，设置拼音的参数即可，如图 3-85 所示。

（3）单击【确定】按钮，即可为选择的文字注上拼音。

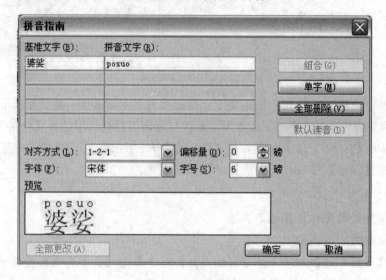

图 3-85　拼音指南

4. 纵横混排

在文档中设置纵横混排的具体操作步骤如下：

（1）选择要纵向排列的文字，如选择文字"视觉"。

（2）在【开始】选项卡的【段落】组中单击【中文版式】按钮，在打开的下拉列表中选择【纵横混排】选项，如图 3-86 所示。

（3）在打开的【纵横混排】对话框中勾选【适应行宽】选项，图 3-87 所示。

（4）单击【确定】按钮，所选文字将实现纵横混排。另外，单个文字也可以实现纵横混排，图 3-87 所示是纵横混排的文本效果。

图 3-86　纵横混排选项

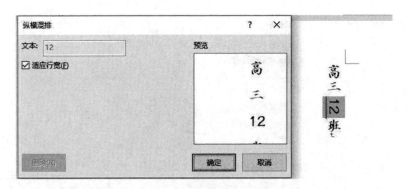

图 3-87　纵横混排对话框

5. 合并字符

合并字符功能可以将最多 6 个文字合并到一起，所选的文字排列成上、下两行，用户可以设置合并字符的字体、字号。设置合并字符的操作步骤如下：

（1）选择要合并字符的文字，如"青草"。

（2）在【开始】选项卡的【段落】组中单击【中文版式】按钮，在打开的下拉列表中选择【合并字符】选项，则弹出【合并字符】对话框，设置字体、字号，如图 3-88 所示。

（3）单击【确定】按钮。

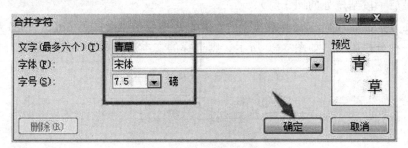

图 3-88　合并字符

6. 双行合一

设置双行合一的具体操作步骤如下：

（1）选择要设置的文字，如选择"高三 12 班高三 13 班"。

（2）在【开始】选项卡的【段落】组中单击【中文版式】按钮，在打开的下拉列表中选择【双行合一】选项，弹出【双行合一】对话框，选择【带括号】选项，在【括号样式】下拉列表中选择括号的样式，如图 3-89 所示。

（3）单击【确定】按钮，则设置了双行合一效果。

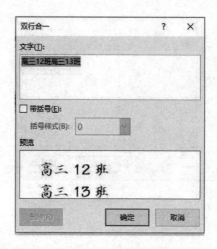

图 3-89　双行合一

二、分栏排版

设置分栏的具体操作步骤如下：

（1）选择要分栏的文档内容，如果要将整个文档分栏，则全部选择（注意所选文字中不能包含最后一段结尾处的回车符）；

（2）在【页面布局】选项卡的【页面设置】组中单击【分栏】按钮，在打开的下拉列表中选择一种分栏版式，如图 3-90 所示，则选择的文本会以相应的栏数进行分栏；

图 3-90　选择预设分栏版式

（3）如果要进行更详细的分栏设置，则在列表中选择【更多分栏】选项，在打开的【分栏】对话框中进行设置，如图 3-91 所示；

（4）单击【确定】按钮，则得到的分栏效果如图 3-92 所示。

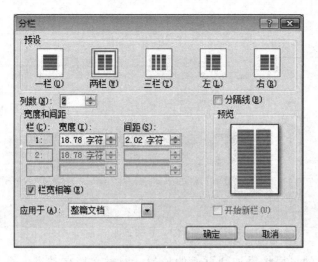

图 3-91　分栏对话框

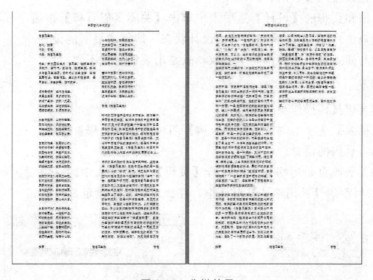

图 3-92　分栏效果

三、设置页眉和页脚

1. 插入页眉和页脚

插入页眉的操作步骤如下：

（1）在【插入】选项卡的【页眉和页脚】组中单击【页眉】按钮，在打开的下拉列表中选择一种页眉样式，如图 3-93 所示。

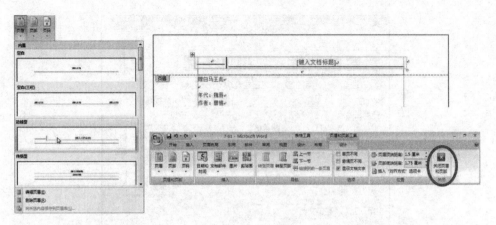

图 3-93　页眉插入

（2）所选样式的页眉将添加到页面的顶端，同时文档自动进入页眉和页脚的设计状态，单击占位符并输入页眉内容。

（3）在页眉和页脚的【设计】选项卡中单击【关闭页眉页脚】按钮（或者在文档的非页眉页脚区域双击），退出页眉和页脚的设计状态，即完成页眉的设置。

插入页脚与插入页眉的操作完全一致，只是出现的位置不同。

2. 插入页码

插入页脚页码具体操作步骤如下：

（1）在【插入】选项卡的【页眉和页脚】组中单击【页码】按钮，在打开的下拉列表中根据需要选定页码的位置。

（2）如果要更改页码的格式，可执行【页码】下拉列表中的【设置页码格式】命令，打开如图 3-94 所示的【页码格式】对话框，在此对话框中设定页码格式。

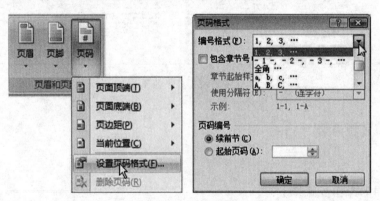

图 3-94　页码格式

3. 奇偶页不同的页眉和页脚

用前面介绍的方法设置了页眉和页脚后，文档中所有页的页眉和页脚都相同。在实际工作中，如果需要为文档的首页、奇偶页设置不同的页眉和页脚，可以按如下步骤进行操作：

（1）在【插入】选项卡的【页眉和页脚】组中单击【页眉】按钮，在打开的下拉列表中选择【编辑页眉】选项（或者直接在页眉或页脚区域双击），进入页眉和页脚的设计状态；

（2）在页眉和页脚的【设计】选项卡中勾选【选项】组中的【首页不同】或【奇偶页不同】选项；

（3）这时就可以分别设置首页页眉和页脚、奇数页页眉和页脚、偶数页页眉和页脚。

四、插入分隔符

分隔符是文档中分隔页、栏或节的符号，Word 中的分隔符包括分页符、分栏符和分节符。

•分页符：分页符是分隔相邻页之间的文档内容的符号。

•分栏符：分栏符的作用是将其后的文档内容从下一栏起排。

•分节符：Word 中可以将文档中分为多个节，不同的节可以有不同的页格式。通过将文档分隔为多个节，我们可以在一篇文档的不同部分设置不同的页格式（如页面边框、页眉/页脚等）

插入分页符的具体步骤如下：

（1）将光标定位到新的一页的开始位置。

（2）在【插入】选项卡的【页面】组中单击【分页】按钮，或者在【页面布局】选项卡中的【页面设置】组【分隔符】中单击【分页符】按钮。

在普通视图下，人工分页符是一条水平虚线。如果想删除分页符，只要把插入点移到人工分页符的水平虚线中，按【Delete】键即可。

插入分栏符的具体步骤如下：

（1）在已经分好栏的文档中，将光标定位到新的一栏的开始位置。

（2）在【页面布局】选项卡中的【页面设置】组【分隔符】中单击【分栏符】按钮（如图 3-95）。

图 3-95　分隔符

插入分节符的具体步骤如下：

（1）将光标定位到需要分节的开始位置。

（2）在【页面布局】选项卡中的【页面设置】组【分隔符】中单击【分节符】按钮。

（3）有四种分节符，即下一页、连续、奇数页、偶数页，分别代表了分节符后面的内容从什么位置开始。

五、使用样式

所谓样式，就是由多个格式编排命令组合而成的集合，一个样式可以由字号、字体、段落的对齐方式以及边框、底纹等格式组合而成，也可以用于文档中的一个标题、段落或某一部分。当文档中应用了某一样式后，如果需要修改，只需修改样式即可，应用了该样式的所有内容将自动更新，既提高了工作效率，又保证了整个版面格式的统一。

样式分为内置样式和自定义样式。按照作用范围又分为字符样式和段落样式。字符样式只限于字体、字号、文本颜色等格式的设置，它可以作用于文档中的任意位置；段落样式对整个段落起作用，不仅可以设置字符格式，还可以设置段落格式，如对齐、缩进、段间距等。当创建一个新文档时，其中包含了许多内置样式，在【开始】选项卡的【样式】组中可以看到，如图 3-96 所示。

图 3-96　内置样式

1. 创建自己的样式

如果已有的样式不能满足工作需要，用户可以自己创建样式，下面介绍创建标题样式的操作方法。

（1）在【开始】选项卡的【样式】组中单击右下角的【对话框启动器】按钮，打开【样式】任务窗格，这里可以看到全部的样式，如图 3-97 所示。

（2）在任务窗格的左下角单击【新建样式】按钮，打开【根据格式设置创建新样式】对话框，如图 3-98 所示。

图 3-97　查看全部样式

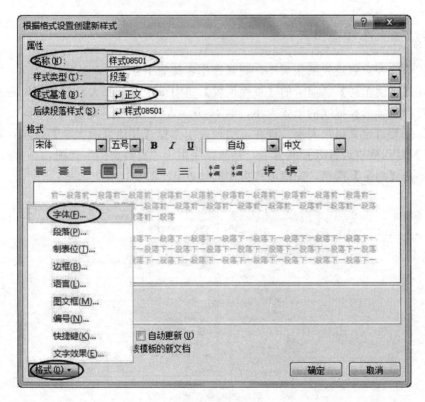

图 3-98　创建样式

（3）在对话框中设置相应选项。例如在【名称】文本框中输入样式的名称；在【样式类型】下拉列表中选择样式类型等。

（4）单击对话框左下角的【格式】按钮，在弹出的菜单中可以选择更丰富的命令来设置各种格式，如字体格式、段落格式、边框、编号、快捷键等。

（5）设置好各项格式以后，单击【确定】按钮则创建了新样式，新创建的样式将出现在【样式】任务窗格中。

2. 应用样式

创建了样式以后，就可以应用它来排版了。应用样式时，既可以应用 Word 内置的样式，也可以应用自定义的样式，它们的使用方法是相同的。应用样式的具体操作步骤如下：

（1）选定要使用样式的段落、字符或文本；

（2）在【开始】选项卡的【样式】组中单击右下角的【对话框启动器】按钮，在打开的下拉列表中选择要使用的样式，则所选内容将应用该样式。

第八节　设置页面与打印

一、设置纸张大小和纸张方向

如果用户需要重新设置纸张大小，则其操作步骤如下：

（1）在【页面布局】选项卡的【页面设置】组中单击【纸张大小】按钮，在打开的下拉列表中可以直接选择标准的纸张大小，如 16 开、A3、B5 等，如图 3-99 所示。

（2）如果要自定义纸张大小，则在下拉列表中选择【其他页面大小】选项，在打开的【页面设置】对话框中设置纸张的大小，并选择应用于"整篇文档"选项。

（3）单击【确定】按钮，完成纸张大小的设置。

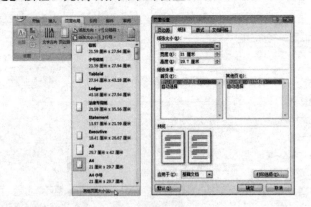

图 3-99　纸张大小

有时会需要横向打印，这就需要进行纸张方向的设置，操作步骤是在【页面布局】选项卡的【页面设置】组中单击【纸张大小】按钮，在打开的下拉列表中可以直接选择【纵向】还是【横向】（如图 3-100 所示）。

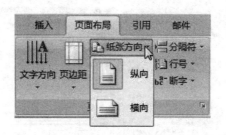

图 3-100　纸张方向

二、设置页边距

在 Word 中，页边距主要用来控制文档正文与页面边沿之间的空白距离，如图 3-101 所示。在文档的每一页中都有上、下、左、右四个页边距。页边距的值与文档版心位置、页面所采用的纸张大小等元素紧密相关。改变页边距时，新的设置将直接影响到整个文档中的所有页面。

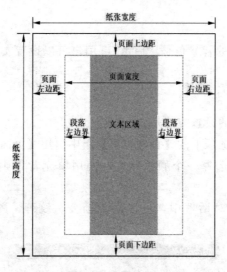

图 3-101　页边距

设置页边距的操作步骤如下：

（1）在【页面布局】选项卡的【页面设置】组中单击【页边距】按钮，在打开的下拉列表中可以选择预置的页边距，如图 3-102 所示。

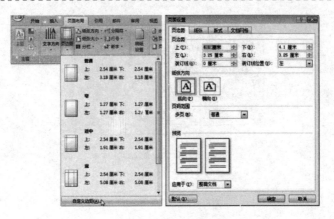

图 3-102　设置页边距

（2）如果要自定义页边距，则在下拉列表中选择【自定义边距】选项，在打开的【页面设置】对话框中设置上、下、左、右的值，并选择应用于"整篇文档"选项。

（3）单击【确定】按钮，完成页边距的设置。

三、页面背景

在 Word 2010 中默认的背景色是"白色"，用户可以设置文档的背景为纯色背景、填充背景和水印背景。

1. 纯色背景和填充背景

纯色背景和填充背景的设置方法是：

（1）在【页面布局】选项卡的【页面背景】组中启用【页面颜色】命令。

（2）使用纯色背景则选择一个颜色即可，使用填充背景则单击【填充效果】，打开【填充效果】对话框。

（3）在【填充效果】对话框中，可以设置渐变、纹理、图案与图片 4 种效果（如图 3-103所示）。

图 3-103　背景填充效果

2. 设置水印背景

水印是位于文档背景中的一种文本或图片。添加水印之后，用户可以在页面视图、全屏阅读视图下或在打印的文档中看见水印。

（1）在【页面布局】选项卡的【页面背景】组中启用【水印】命令。

（2）在打开的【水印】下拉列表中，选择所需的水印即可。

（3）若列表中的水印选项不能满足要求，则可单击【水印】下拉列表中的【自定义水印】命令，打开【水印】对话框，进一步设置水印参数，图 3-104 是以设置"保密"文字水印为例，主要是文字大小和透明度。

（4）单击"确定"按钮完成设置。

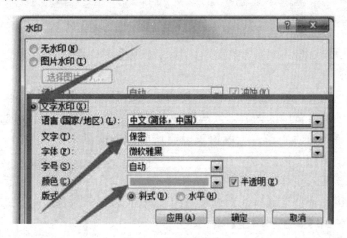

图 3-104　水印背景

四、使用题注、脚注与尾注

在制作文档时，往往需要讲解文档中部分文字的内容，同时对于引用名人或某文章中的语句，还需要对其进行标注或注释。Word 2010 为用户提供了解决上述问题的题注、脚注与尾注功能。使用题注可以使文档中的编号能自动按顺序的进行排列，使用脚注可以注释文档中特殊的内容，而使用尾注则可以注释文档内容或标注文档中所引用的语句。

1. 题注

我们经常需要为图片和表格等对象插入说明性的标题，而使用题注可以使这些标题的编号自动按顺序进行排列（如图 3-105 所示）。题注的添加步骤如下：

（1）选择需要插入题注的文本、表格、图片等对象。

（2）在【引用】选项卡【题注】组中，单击【插入题注】按钮，弹出【题注】对话框。

（3）使用已有的标签，也可以单击【新建标签】建立新的标签名。

（4）单击【确定】按钮，就为所选内容加入了一个自动编号的标签，下一次为后面的对象添加相同标签时，编号自动变化。

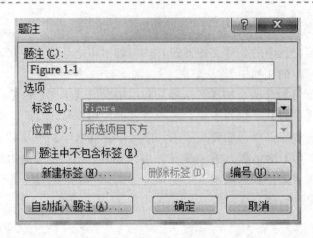

图 3-105　题注

2. 脚注与尾注

脚注和尾注也是文档的一部分，用于文档正文的补充说明，帮助读者理解全文的内容。脚注所解释的是本页中的内容，一般用于对文档中较难理解的内容进行说明；尾注是在一篇文档的最后所加的注释，一般用于表明所引用的文献来源（如图 3-106 所示）。脚注和尾注的添加步骤如下：

（1）选择需要插入注释的文字。

（2）在【引用】选项卡【脚注】选项组中，单击【插入脚注】按钮，弹出【脚注和尾注】对话框。

（3）根据需要选择参数，点击【插入】按钮完成设置。

五、使用批注与修订

在 Word 2010 中不仅可以利用题注、脚注与尾注，来标记文档中的编号、内容与引文，而且还可以利用批注与修订，为文档添加注解、注释或标记文档中错误的文字或格式。

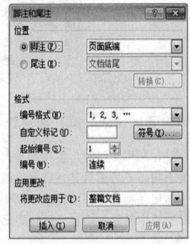

图 3-106　脚注与尾注

1. 批注的使用

批注是附加到文档中的注解或注释，显示在文档的右边距或【审阅】窗格中。使用批注不会影响到文档的格式，同样也不会被打印出来。批注的使用步骤如下：

（1）选择需要插入批注的文字。

（2）在【审阅】选项卡的【批注】选项组中，单击【新建脚注】按钮。

（3）在右侧批注文本框中输入批注的文字内容即可。

（4）当需要浏览批注时，单击【批注】选项组中的【上一条】或【下一条】按钮，会自动从当前插入点开始向上或向下查找批注并自动进入批注的编辑状态。

（5）需要删除批注时，右击批注，在弹出的快捷菜单中选择【删除批注】命令，即可将该批注从文档中删除。

2. 对文档内容进行修订

在 Word 2010 中，还为用户提供了修订功能。帮助用户在使用 Word 文档时，记录修改、删除或插入文本等编辑操作的痕迹，便于日后进行审阅。默认情况下，文档中的修订内容是以特殊的颜色与特殊的标记进行显示。

修订文档内容的方法：

（1）在【审阅】选项卡的【修订】组中，单击【修订】按钮，即可进入修订模式。

（2）进入修订模式后，对文档的所有操作都会被记录并标记出来。

接受或拒绝修订：

（1）当我们打开一个修订过的文档后，可以右击某个修订，在弹出的快捷菜单中选择【接受格式更改】或【拒绝格式修改】命令确认或取消对文档内容的修改。

（2）在【审阅】选项卡的【更改】组中，【单击接受】或【拒绝】按钮，在弹出的菜单中选择【接受对文档的所有修订】或【拒绝对文档的所有修订】命令，可实现接受或拒绝文档内的修改。

六、大纲级别和目录

所谓大纲，是指文档中标题的分级列表，它在每章出现的各级标题内容都有描述。不同级别的标题之间也都有着不同的层次感。创建大纲，不仅有利于读者的查阅，而且还有利于文档的修改。当设置了正确的大纲级别后，用户可以使用 Word 自动生成目录，如果文档内容发生改变，用户只需要更新目录即可。

1. 大纲级别的创建

创建大纲级别的步骤如下：

（1）将光标放置在需要创建大纲级别的段落。

（2）右键段落，在弹出的菜单栏中单击【段落】命令，弹出【段落】对话框。

（3）在【段落】对话框中，单击【大纲级别】命令右侧的文本框，弹出下拉列表，在下拉列表中，选取级别选项即可（如图 3-107 所示）。

（4）如果要删除大纲级别，可在下拉列表中选取【正文文本】选项。

2. 大纲视图

大纲视图的使用方法：

（1）在【视图】选项卡的【视图】组中单击【大纲视图】命令，进入大纲视图。

（2）在【大纲】工具栏中，单击【显示级

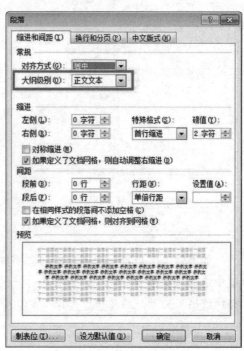

图 3-107 大纲级别

别】右侧的黑三角按钮，弹出下拉菜单，单击【2级】选项，则在文档内只显示"级别2"以上的内容（如图3-108所示）。

（3）根据需要，可在此列表中，任意选取级别样式，查看文稿内容。

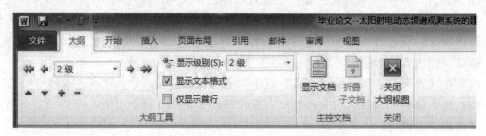

图3-108　大纲视图

3. 创建目录

（1）确保要作为目录的文字段落都已设置了正确的大纲级别。

（2）在【引用】选项卡的【目录】组中，单击【目录】按钮。

（3）在打开的列表中选择Word预置的目录样式，也可以选择【插入目录】命令，打开目录对话框，进行相应的设置和修改（如图3-109所示）。

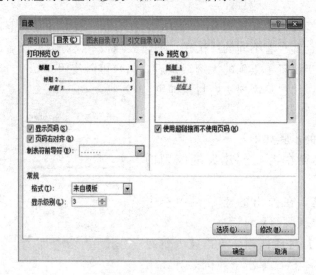

图3-109　创建目录

4. 更新目录

如果修改了与目录标题对应的文档内的标题内容时，只需右击目录，从弹出的快捷菜单中选择【更新域】命令，然后在打开的对话框中单击【更新整个目录】单选按钮，即可将修改结果更新到目录中（如图3-110所示）。

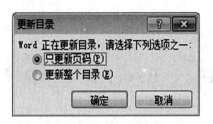

图 3-110　更新目录

七、打印文档

执行打印预览时，先切换到【文件】选项卡，选择【打印】命令，这时在窗口右侧可以预览到文档的打印效果（如图 3-111 所示）。拖动右侧的滚动条，可以翻页预览；也可以按下【PageUp】和【PageDown】键进行翻页。拖动右下方的显示比例滑块，可以控制视图的放大或缩小。此外，需要明确打印份数、使用哪一台打印机、是否打印部分文档（页码范围、奇数页、偶数页）。

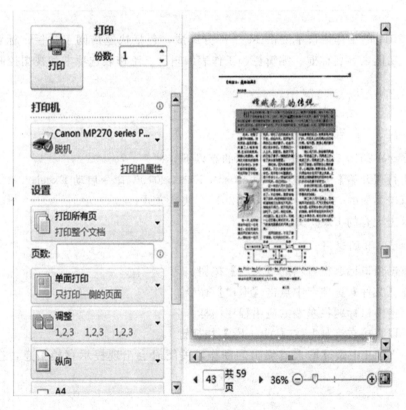

图 3-111　打印选项

第四章　Excel 2010 电子表格

Excel 是 Office 中的一个重要组件，是进行数据处理的常用软件。它集文字、数据、图形、图表及其他多媒体对象于一体，不仅可以制作各类电子表格，还可以组织、计算和分析多种类型的数据，制作图表等。

Excel 是目前流行使用最方便、功能最强大的电子表格处理软件之一。

第一节　Excel 2010 工作环境

Excel 2010 的工作窗口主要由 11 个部分组成，包括快速访问工具栏、标题栏、窗口控制按钮、功能区、名称框、编辑栏、工作表编辑区、工作表选项卡和视图控制区。

一、Excel 2010 启动和退出

1. Excel 2010 的启动

启动 Excel 2010 有多种方式，常用的有以下 3 种：

（1）执行【开始】菜单中的"Microsoft Excel 2010"命令启动 Excel；

（2）双击桌面的"Microsoft Excel 2010"快捷方式；

（3）双击现有的 Excel 文档图标。

2. Excel 2010 的退出

（1）单击窗口标题栏右端的【关闭】按钮。

（2）在【文件】选项卡中点击【退出】命令。

（3）双击窗口标题栏左端的应用程序图标。

（4）可以直接在键盘上按【Alt＋F4】快捷键。

如果在 Excel 中做过输入或编辑的动作，关闭时会出现提示存档信息，按需求选择即可。

二、Excel 2010 窗口

Excel 2010 窗口如图 4-1 所示。

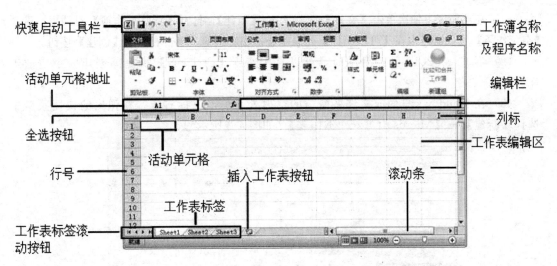

图 4-1 Excel 窗口组成

三、Excel 2010 文件

Excel 2010 文件默认的扩展名是".xlsx",根据实际需要也可以保存为以".xls"为扩展名的文件,可通过以下步骤保存为 Excel 97—2003 形式。

(1) 依次点击【文件】选项卡 →【保存并发送】,在【更改文件类型】中选择【Excel 97-2003 工作簿(*.xls)】。

(2) 依次点击【文件】选项卡 →【另存为】,在【保存类型】中选择【Excel 97—2003 工作簿(*.xls)】。

第二节 工作簿和工作表基本操作

工作簿是用户使用 Excel 进行操作的主要对象和载体,创建数据表格、在表格内编辑和操作等一系列工作都是在这个对象上完成的。

工作表是在 Excel 中用于存储和处理数据的主要文档。工作表由排列成行或列的单元格组成。

一个工作簿由多张工作表组成,一个工作簿至少包含一张工作表。工作表存储在工作簿中。Excel 文件以工作簿为单位保存,而非工作表。

一、工作簿基本操作

1. 新建工作簿（常用方法）

（1）在功能区上依次单击【文件】选项卡 → 【新建】，打开【新建工作簿】对话框，选择【空工作簿】后，这时也在【可用模板】列表中选择相应选项，单击右侧的【创建】按钮。

（2）当 Excel 2010 已经启动时，可以直接使用【Ctrl＋N】快捷键创建一个空白工作簿。

（3）在 Windows 桌面或文件夹窗口的空白处，单击鼠标右键，在弹出的快捷菜单中选择【新建】→【Microsoft Excel 工作表】（如图 4-2 所示）。

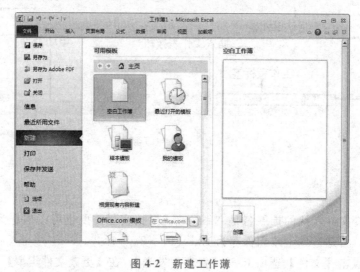

图 4-2　新建工作簿

2. 保存工作簿

（1）在功能区中依次单击【文件】选项卡 → 【保存】（或【另存为】）。

（2）单击【快速启动工具栏】上的【保存】按钮。

（3）按【Ctrl＋S】快捷键（如图 4-3 所示）。

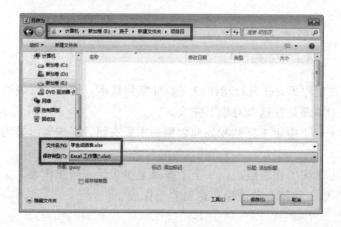

图 4-3　保存工作簿

3. 打开现有工作簿

（1）如果知道工作簿文件保存的位置，可以直接找到文件所在位置，双击文件图标即可打开。

（2）在已启动的 Excel 窗口中，依次【文件】→【打开】，在弹出的【打开】对话框按照文件路径找到文件并打开。

（3）如果文件最近打开过，可以在点击【文件】，通过历史记录找到并打开。

4. 保护工作簿

若要防止他人偶然或故意修改或删除重要数据，可以保护工作簿。方法，依次【审阅】选项卡→【更改】组→【保护工作簿】（如图 4-4 所示）。

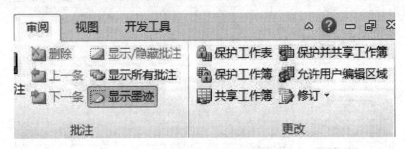

图 4-4　保存工作簿

二、工作表基本操作

1. 创建工作表

（1）工作表是随工作簿一同创建的。默认情况下，新建的工作簿包含 3 张工作表。

（2）用户可在【文件】→【选项】→【Excel 选项】→【常规】→【包含工作表数量】中设置新建工作簿中工作表数量。创建工作表数量的范围在 1～255，工作表名为 Sheet 1～Sheet n（如图 4-5 所示）。

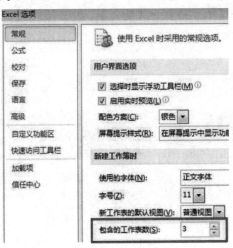

图 4-5　修改新建工作簿中工作表数量

2. 选取工作表

要选择单个工作表，直接单击程序窗口左下角的工作表标签即可。可以用以下两种方法同时选定多张工作表。

（1）按【Ctrl】键，同时用鼠标依次单击需要的工作表标签，就可以同时选定多个工作表。

（2）选定连续排列的工作表，单击第一个工作表标签，然后按住【Shift】键，再单击连续工作表中的最后一个工作表标签，即可连续选定工作表（如图 4-6 所示）。

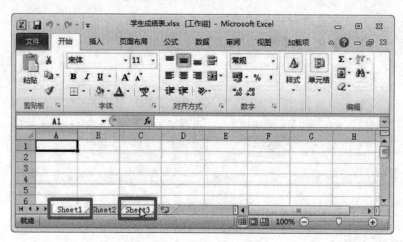

图 4-6　选取工作表

3. 插入工作表

默认情况下，工作簿包含 3 个工作表，若工作表不够用，可使用下面两种方法插入工作表：

（1）单击工作表标签右侧的【插入工作表】按钮，就可以在现有工作表末尾插入一张新的工作表。

（2）单击【开始】→【单元格】→【插入】，在展开的列表中选择【插入工作表】选项（如图 4-7 所示）。

图 4-7　插入工作表

4. 删除工作表

对于没用的工作表可以将其删除，方法有两种：

（1）使用鼠标右键单击需要删除的工作表标签，在弹出的快捷菜单中选择【删除】命令，即可将当前工作表删除。

（2）单击要删除的工作表标签，单击【开始】→【单元格】→【删除】，在展开的列表中选择【删除工作表】选项。

如果工作表中有数据，将弹出提示对话框，单击【删除】按钮即可（如图 4-8 所示）。

图 4-8　删除工作表

5. 移动和复制工作表

复制或移动工作表可在工作簿内部和工作簿之间进行。

（1）要在同一工作簿中移动工作表，可单击要移动的工作表标签，然后按住鼠标左键不放，将其拖到所需位置即可移动工作表。若在拖动的过程中按住【Ctrl】键，则表示复制工作表操作，原工作表依然保留（如图 4-9 所示）。

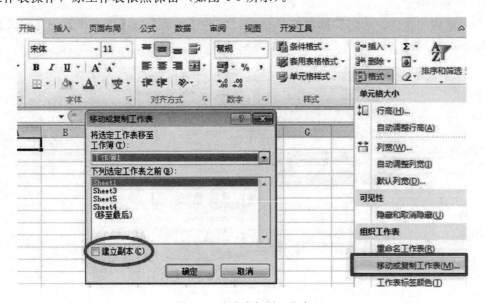

图 4-9　移动或复制工作表

（2）若要在不同的工作簿之间移动或复制工作表，可选中要移动或复制的工作表，然后单击功能区【开始】→【单元格】→【格式】，在展开的列表中选择【移动或复制工作表】项，打开【移动或复制工作表】对话框，在【将选定工作表移至工作簿】下拉列表中选择目标工作簿（复制前需要将该工作簿打开），在【下列选定工作表之前】列表中设置工作表移动的目标位置，然后单击【确定】按钮，即可将所选工作表移动到目标工作簿的指定位置；若选中对话框中的【建立副本】复选框，则可将工作表复制到目标工作簿指定位置。

6. 重命名工作表

更改工作表名称的方法有两种：

（1）用鼠标双击要重命名的工作表标签，即可输入新的工作表名，按 Enter 键确定。

（2）在工作表标签处单击鼠标右键，在弹出的快捷菜单中选择【重命名】，修改工作表的名称（如图 4-10 所示）。

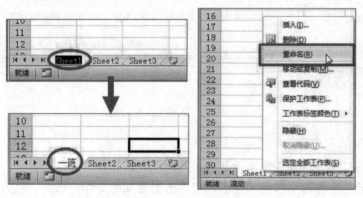

图 4-10　重命名工作表

7. 隐藏工作表

（1）隐藏的方法：选定要隐藏的工作表，单击【开始】→【单元格】→【格式】→【隐藏和取消隐藏】→【隐藏工作表】（如图 4-11 所示）。

图 4-11　隐藏工作表

（2）取消隐藏的方法：选择【格式】→【隐藏和取消隐藏】→【取消隐藏工作表】，在弹出的【取消隐藏】对话框中选择要取消隐藏的工作表。

8. 保护工作表

单击【开始】→【单元格】→【格式】→【保护工作表】。

保护工作表时可以指定用户能更改的元素。在弹出的【保护工作表】对话框的【允许此工作表的所有用户进行】列表中，选择需要用户更改的元素，并为工作表键入密码，用户不能对锁定的单元格进行任何更改。需要注意的是如果遗失密码，将不可恢复（如图 4-12 所示）。

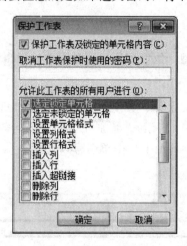

图 4-12 保护工作表

9. 拆分和冻结工作表

（1）拆分工作表：当对一些较大的工作表操作时，可对其窗口进行拆分，这样能够同时查看和编辑同一工作表的不同部分。操作步骤：【视图】→【窗口】→【拆分】（如图 4-13 所示）。

（2）冻结工作表：为便于查看数据，可将首行、首列或拆分工作表上冻结窗格，以保持工作表的某一部分在其他部分滚动时可见。操作步骤：【视图】→【窗口】→【冻结窗格】。

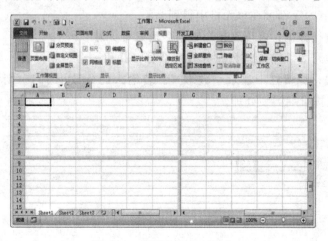

图 4-13 拆分和冻结工作表

第三节　数据输入

数据输入是数据处理的基础，了解 Excel 支持的数据类型，能够正确输入数据，并掌握常用的数据输入方法。

一、Excel 数据类型

Excel 数据类型包括文本型、数值型、日期时间型、逻辑型、错误值等。

1. 文本型

Excel 文本包括汉字、英文字母、数字、空格及其他键盘能输入的符号。文本数据在单元格中默认左对齐（如图 4-14 所示）。特别注意的是，当需要使用数字文本时（身份证号码、手机号码），在输入数字前加上一个单引号（'）。

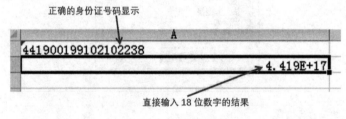

图 4-14　文本型数据

2. 数值型

由数字 0～9 和符号＋、－、*、/、％、MYM、￥、()、小数点、千分位符号（,）、E 等字符组成。数值型数据在单元格中默认右对齐，Excel 的数字精度为 15 位（如图 4-15 所示）。

（1）如果要输入负数，必须在数字前加一个负号"－"，或给数字加上圆括号。例如，输入"－5"或"（5）"都可在单元格中得到－5。

（2）输入百分比数据：可以直接在数值后输入百分号"％"。

（3）输入分数，要求输入整数和分数两部分，并用一个空格隔开，如 2 1/3。在单元格中显示分数形式，编辑栏中显示小数形式。若输入的分数小于 1，则整数部分输入 0，否则 Excel 会将其按日期类型处理。

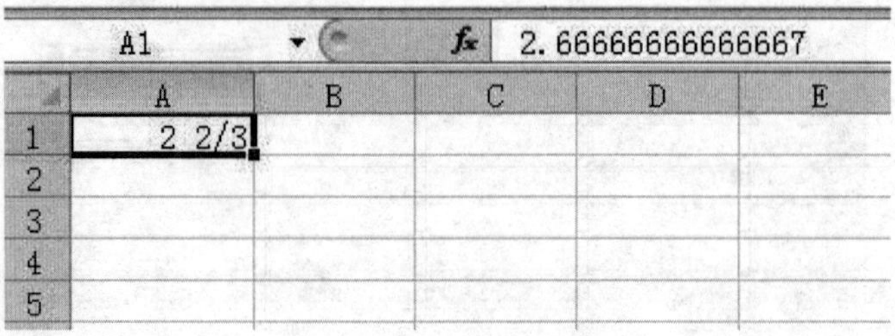

图 4-15　输入分数

3. 日期时间型

日期时间型数据在单元格中默认右对齐。

（1）日期：以年月日为序，用减号（—）或斜杠（/）分隔。如：2019/8/8 或 2019—8—8，若省略年份，输入 2 位数，则默认为 1930～2029 年间的后 2 位。输入当前系统日期按【Ctrl＋;】。

（2）时间：以时分秒为序，用冒号分隔。上午/下午用 AM/PM（可省略）表示，且 AM/PM 与时间之间有空格，缺少空格当作字符数据处理。输入当前系统时间按【Ctrl＋Shift＋;】。

4. 逻辑型

逻辑型只有两个值，即 TRUE（真）和 FALSE（假）。非零为真，零为假。逻辑型数据在单元格中默认居中对齐。

5. 错误值

Excel 常见的错误有 ＃＃＃＃＃（列宽不够，无法完整显示数据）、＃VALUE!（值错误）、＃DIV/0!（分母为零）、＃NAME?（引用错误）、＃N/A、＃REF、＃NUM! 和 ＃NULL! 等，出现这些错误的原因有很多种，如果公式不能计算正确结果，Excel 将显示一个错误值。

二、选择单元格和输入数据

1. 选择单元格

Excel 中进行的大多数操作都需要首先将要操作的单元格或单元格区域选定。

（1）将鼠标指针移至要选择的单元格上方后单击，即可选中该单元格。此外，还可使用键盘上的方向键选择当前单元格的前、后、左、右单元格。

（2）如果要选择相邻的单元格区域，可按下鼠标左键拖过希望选择的单元格，然后释放鼠标即可；或单击要选择区域的第一个单元格，然后按住【Shift】键单击最后一个单元格，此时即可选择它们之间的所有单元格（如图 4-16 所示）。

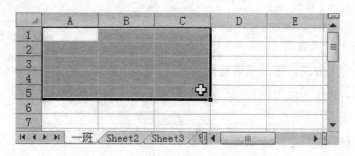

图 4-16　选择连续单元格区域

（3）若要选择不相邻的多个单元格或单元格区域，可首先利用前面介绍的方法选定第一个单元格或单元格区域，然后按住【Ctrl】键再选择其他单元格或单元格区域（如图 4-17 所示）。

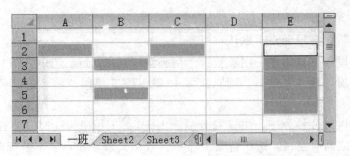

图 4-17　选择不相邻的单元格或单元格区域

（4）要选择工作表中的一整行或一整列，可将鼠标指针移到该行左侧的行号或该列顶端的列标上方，当鼠标指针变成黑色箭头形状时单击即可。若要选择连续的多行或多列，可在行号或列标上按住鼠标左键并拖动；若要选择不相邻的多行或多列，可配合【Ctrl】键进行选择（如图 4-18 所示）。

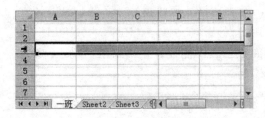 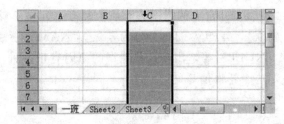

图 4-18　选择整行和整列

（5）要选择工作表中的所有单元格，可按【Ctrl＋A】组合键或单击工作表左上角行号与列标交叉处的"全选"按钮（如图 4-19 所示）。

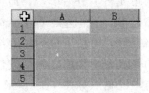

图 4-19　选择所有单元格

2. 向单元格内输入数据

选定单元格输入数据，输入结束后按回车键、【Tab】键、箭头键或用鼠标单击编辑按钮【√】在编辑栏和单元格中显示。按【Esc】键或单击编辑按钮【×】取消输入。

3. 向区域内输入数据

选定区域，在编辑栏中输入数据，按【Ctrl ＋ Enter】，则整个区域输入相同内容。

三、自动填充数据

自动填充数据的方式输入的数据是有规则的。

1. 拖动填充柄

根据初始值决定以后的填充项，用鼠标拖动初始值所在单元格右下角的【填充柄】，鼠标指针变为实心十字形拖拽至填充的最后一个单元格，表格内将自动填充相应内容（如图 4-20 所示）。

图 4-20　使用填充柄复制单元格

2. 利用填充菜单

选择整个要填充的区域，在单元格中输入初值，选择【开始】→【编辑】→【填充】→【系列】，在【序列】对话框中设置序列产生是在行方向还是列方向、序列类型、步长值和终止值（如图 4-21 所示）。

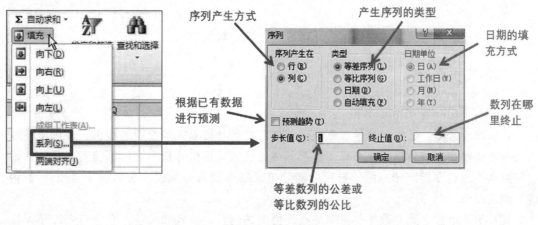

图 4-21　插入序列

使用【序列】对话框进行填充时，可只选择起始单元格，此时必须在【序列】对话框中设置终止值，否则将无法生成填充序列。

3. 自定义序列

在【Excel 选项】对话框中选择【高级】→【常规】→【编辑自定义列表】，在【自定义序列】对话框中的【输入序列】文本框中输入自定义序列成员，每项独占一行（如图 4-22所示）。

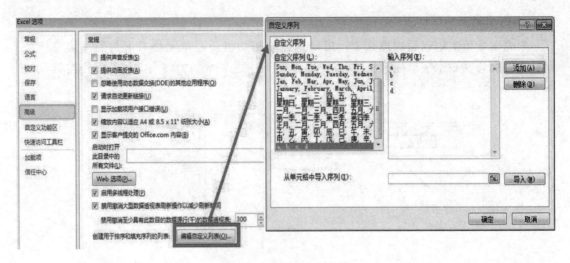

图 4-22　编辑自定义序列

第四节　单元格编辑与格式设置

输入数据后，可反复编辑和格式化单元格，优化数据显示。

一、编辑单元格

1. 单元格内容编辑

（1）修改数据：选择要修改数据的单元格，然后直接输入修改后的数据，即可使用输入的内容替换原来的数据。也可以双击单元格，然后使用鼠标指定光标的位置，再输入需要的数据，或者在指定光标的位置后，删除单元格中的部分数据，最后按下【Enter】键进行确定即可。

（2）删除数据：删除数据是指清除单元格中的内容、格式和批注。它应与删除单元格区分开来，清除单元格操作并不会删除选择的单元格，也不会影响到工作表中其他单元格的布局。清除单元格的操作如下：选择要清除的单元格、行或列，然后单击【编辑】选项组中的【清除】下拉按钮（如图 4-23 所示），在弹出的列表中选择需要的命令，即可清除相应的对象。

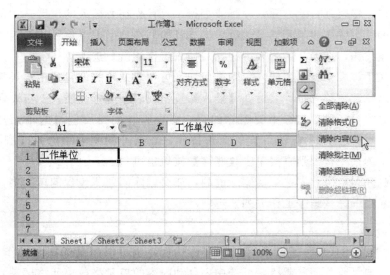

图 4-23　清除选项

2. 插入和删除单元格

在制作表格时，可能会遇到需要在有数据的区域插入或删除单元格、行、列的情况。

（1）要插入单元格，可在要插入单元格的位置选中与要插入的单元格数量相同的单元格，然后在【插入】列表中选择【插入单元格】选项，打开【插入】对话框，在其中设置插入方式，单击【确定】按钮（如图 4-24 所示）。

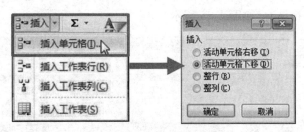

图 4-24　插入单元格

（2）要删除单元格，可选中要删除的单元格或单元格区域，然后在【单元格】组的【删除】按钮列表中选择【删除单元格】选项，打开【删除】对话框，设置一种删除方式，单击【确定】按钮（如图 4-25 所示）。

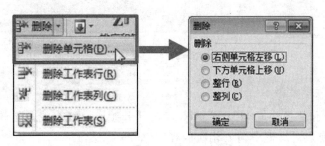

图 4-25　删除单元格

（3）要在工作表某行上方插入一行或多行，可首先在要插入的位置选中与要插入的行数相同数量的行，或选中单元格，然后单击【开始】选项卡上【单元格】组中【插入】按钮下方的三角按钮，在展开的列表中选择【插入工作表行】选项。

（4）要在工作表某列左侧插入一列或多列，可在要插入的位置选中与要插入的列数相同数量的列，或选中单元格，然后在【插入】按钮列表中选择【插入工作表列】选项。

（5）要删除行，可首先选中要删除的行，或要删除的行所包含的单元格，然后单击【单元格】组中的【删除】按钮下方的三角按钮，在展开的列表中选择【删除工作表行】选项。若选中的是整行，则直接单击【删除】按钮也可。

（6）要删除列，可首先选中要删除的列，或要删除的列所包含的单元格，然后在【删除】按钮列表中选择【删除工作表列】选项。

3. 移动和复制单元格

Excel 中数据的移动和复制既可以利用剪贴板，也可以用鼠标拖放操作，与在 Word 中操作相似。如果要移动单元格，可选中要移动内容的单元格或单元格区域，将鼠标指针移至所选单元格区域的边缘，然后按下鼠标左键，拖动鼠标指针到目标位置后释放鼠标左键即可。若在拖动过程中按住【Ctrl】键，则拖动操作为复制操作。

4. 选择性粘贴

一个单元格含有多种属性，如数值、公式、格式、超链接、批注等。单元格复制时可复制它的部分属性。

先将数据复制到剪贴板，再选择被粘贴的目标区域，单击【开始】→【剪贴板】→【粘贴】→【选择性粘贴】（如图 4-26 所示）。

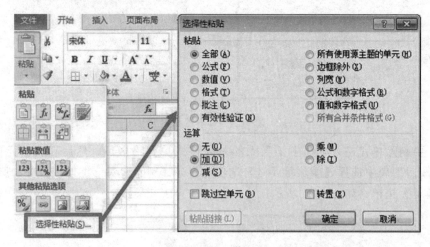

图 4-26　选择性粘贴

5. 查找和替换单元格

Excel 中查找和替换功能类似 Word，单击【开始】→【查找和选择】→【查找】，在弹出【查找和替换】对话框中输入相应内容。（如图 4-27）。

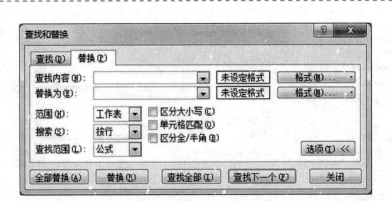

图 4-27 查找和替换

二、单元格格式设置

1. 设置字符格式和对齐方式

在 Excel 中设置表格内容字符格式和对齐方式的操作与在 Word 中设置相似。即选中要设置格式的单元格，然后在"开始"选项卡"字体"组或"字体"对话框中进行设置即可（如图 4-28 所示）。

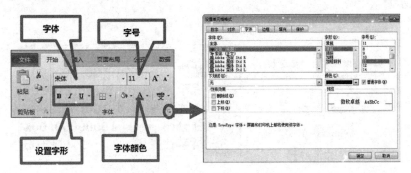

图 4-28 设置字体

通常情况下，输入到单元格中的文本为左对齐，数字为右对齐，逻辑值和错误值为居中对齐。我们可以通过设置单元格的对齐方式，使整个表格看起来更整齐。

对于简单的对齐操作，可在选中单元格或单元格区域后直接单击【开始】选项卡上【对齐方式】组中的相应按钮。

对于较复杂的对齐操作，例如，想让单元格中的数据两端对齐、分散对齐或设置缩进量对齐等，则可以利用【设置单元格格式】对话框的【对齐】选项卡来进行（如图 4-29 所示）。

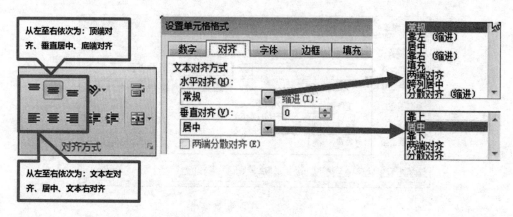

从左至右依次为：顶端对齐、垂直居中、底端对齐

从左至右依次为：文本左对齐、居中、文本右对齐

图 4-29　单元格对齐方式

2. 设置数字格式

Excel 中的数据类型有常规、数字、货币、会计专用、日期、时间、百分比、分数和文本等。为单元格中的数据设置不同数字格式只是更改它的显示形式，不影响其实际值。

在 Excel 2010 中，若想为单元格中的数据快速设置会计数字格式、百分比样式、千位分隔、增加或减少小数位数，可直接单击【开始】选项卡上【数字】组中的相应按钮（如图 4-30 所示）。

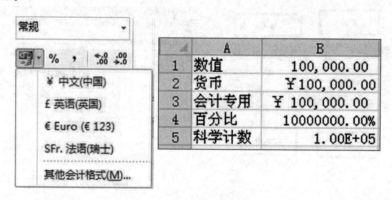

图 4-30　数字格式

若希望设置更多的数字格式，可单击【数字】组中的【数字格式】下拉列表框右侧的三角按钮，在展开的下拉列表中进行选择。

此外，若希望为数字格式设置更多选项，可单击【数字】组右下角的对话框启动器按钮，或在【数字格式】下拉列表中选择【其他数字格式】选项，打开【设置单元格格式】对话框中的【数字】选项卡进行设置（如图 4-31 所示）。

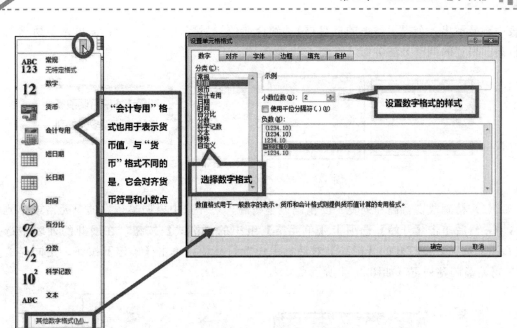

图 4-31　其他数字格式

3. 合并单元格

合并单元格是指将相邻的单元格合并为一个单元格。合并后，将只保留所选单元格区域左上角单元格中的内容。

选择要合并的单元格，单击【开始】选项卡【对齐方式】组中的【合并后居中】按钮，或单击该按钮右侧的三角按钮，在展开的列表中选择【合并后居中】项。

要想将合并后的单元格拆分开，只需选中该单元格，然后再次单击【合并后居中】按钮即可（如图 4-32 所示）。

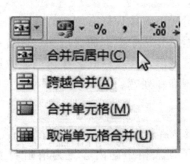

图 4-32　合并单元格

4. 单元格大小

Excel 设置了默认的行高和列宽，但有时默认值不能满足实际需要，因此需要对行高和列宽进行适当的调整。

（1）使用拖动方法：选择需要设置的行或者行区域，将鼠标指针移至所选行其中任意一个行号的下框线处，待指针变成双向箭头形状后，按下鼠标左键上下拖动（此时在工作表中将显示出一个提示行高的信息框），到合适位置后释放鼠标左键，即可调整所选行的行高。列宽的调整方法类似（如图 4-33 所示）。

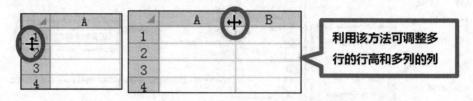

利用该方法可调整多行的行高和多列的列

图 4-33　鼠标拖动调整行高和列宽

（2）精确改变行高和列宽：要精确调整行高，可先选中要调整行高的单元格或单元格区域，然后单击【开始】选项卡【单元格】组中的【格式】按钮，在展开的列表中选择【行高】选项，在打开的【行高】对话框中设置行高值，单击【确定】按钮。用同样的方法 可精确调整列宽（如图 4-34 所示）。

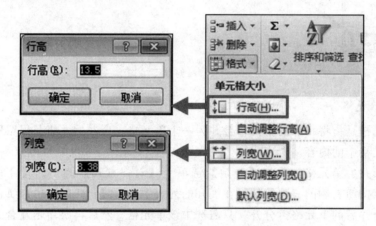

图 4-34　精确调整行高和列宽

此外，将鼠标指针移至行号下方或列标右侧的边线上，待指针变成上下或左右双向箭头时，双击边线，系统会根据单元格中数据的高度和宽度自动调整行高和列宽；也可在选中要调整的单元格或单元格区域后，在【格式】按钮列表中选择【自动调整行高】或【自动调整列宽】项，自动调整行高和列宽。

5. 单元格边框

在 Excel 工作表中，虽然从屏幕上看每个单元格都带有浅灰色的边框线，但是实际打印时不会出现任何线条。为了使表格中的内容更为清晰明了，可以为表格添加边框。此外，通过为某些单元格添加底纹，可以衬托或强调这些单元格中的数据，同时使表格显得更美观。

对于简单的边框设置和底纹填充，可在选定要设置的单元格或单元格区域后，利用【开始】选项卡上【字体】组中的【边框】按钮和【填充颜色】按钮进行设置。

使用【边框】和【填充颜色】列表进行单元格边框和底纹设置有很大的局限性，如边框线条的样式和颜色比较单调，无法为所选单元格区域的不同部分设置不同的边框线，以及只能设置纯色底纹等。要设置复杂的边框和底纹，可利用【设置单元格格式】对话框的【边框】和【填充】选项卡进行设置（如图 4-35 所示）。

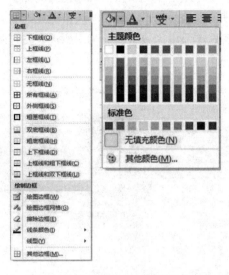

图 4-35　设置单元格的边框和底纹

三、样式和条件格式

除了利用前面介绍的方法美化表格外，Excel 2010 还提供了许多内置的单元格样式和表格样式，利用它们可以快速对表格进行美化。

1. 单元格样式

选中待设置的单元格，单击【开始】→【样式】→【单元格样式】，当鼠标移动到不同样式图标上方时，可预览单元格样式，单击鼠标确定选定样式（如图 4-36 所示）。

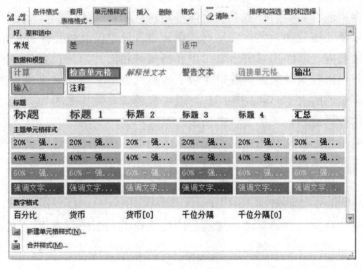

图 4-36　单元格样式

2. 表格样式

应用表样式。选中要应用样式的单元格区域，单击【开始】选项卡【样式】组中的【套用表格格式】按钮，在展开的列表中单击要使用的表格样式，在打开的【套用表格式】对话框中单击【确定】按钮，所选单元格区域将自动套用所选表格样式（如图 4-37 所示）。

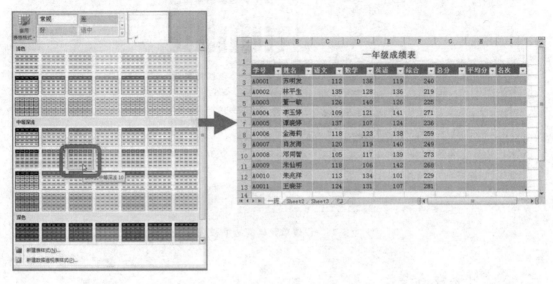

图 4-37　表格样式

3. 条件格式

在 Excel 中应用条件格式，可以让满足特定条件的单元格以醒目方式突出显示，便于我们对工作表数据进行更好的比较和分析。

（1）设置规则：选中要添加条件格式的单元格或单元格区域，单击【开始】选项卡【样式】组中的【条件格式】按钮，在展开的列表中列出了 5 种条件规则，选择某个规则，在打开的对话框中进行相应的设置并确定即可所示（如图 4-38 所示）。

①突出显示单元格规则：突出显示所选单元格区域中符合特定条件的单元格。

②项目选取规则：其作用与突出显示单元格规则相同，只是设置条件的方式不同。

③数据条：使用数据条来标识各单元格中相对其他单元格的数据值的大小。数据条的长度代表单元格中值的大小。数据条越长，表示值越高，数据条越短，表示值越低。在观察大量数据中的较高值和较低值时，数据条尤其有用。

④色阶：是用颜色的深浅或刻度来表示值的高低。其中，双色刻度使用两种颜色的渐变来帮助比较单元格区域。

⑤图标集：使用图标集可以对数据进行注释，并可以按阈值将数据分为三到五个类别，每个图标代表一个值的范围。

⑥自定义条件格式：如果系统自带的条件格式规则不能满足需求，还可以单击【条件格式】按钮列表底部的【新建规则】选项，或在各规则列表中选择【其他规则】选项，在打开的对话框中自定义条件格式。

图 4-38 条件格式

（2）修改规则：此外，对于已应用了条件格式的单元格，我们还可对条件格式进行编辑、修改，方法是在【条件格式】按钮列表中选择【管理规则】项，打开【条件格式规则管理器】对话框（如图 4-39 所示），在【显示其格式规则】下拉列表中选择【当前工作表】项，此时对话框下方将显示当前工作表中设置的所有条件格式规则，在其中编辑、修改条件格式并确定即可。

图 4-39 条件格式规则管理

（3）删除规则：当不需要应用条件格式时，可以将其删除，方法是：打开工作表，然后在【条件格式】按钮列表中选择【清除规则】选项中相应的子项。

第五节 公式

在工作表中，计算统计等工作是普遍存在的，一般的数字和文本不能满足这种需要，通过在单元格中输入公式，对表中数据进行总计、平均、汇总以及其他更为复杂的运算。

公式始终以等号（＝）开头，使用公式时先选中待输入公式的单元格，在单元格内或编辑栏中输入公式，单击输入按钮【√】（或按【Enter】键）完成输入，单击取消按钮【×】（或按【Esc】键）取消输入。

一、常量

公式中可以使用常量进行计算。所谓常量，是指在运算过程中自身不会改变的值，但是需要注意的是公式及公式产生的结果都不是常量。

（1）数值常量，如：＝（5＋8）＊4/2

（2）日期常量，如：＝DATEIF（"2014－1－1"，NOW（），"m"）

（3）文本常量，如：＝"I Love"&"Excel"

（4）逻辑值常量，如：＝VLOOKUP（E2，F2：G3，TRUE）

（5）错误值常量，如：＝COUNTIF（A：A，♯DIV/0!）

二、运算符

公式由运算符和参与运算的操作数组成。运算符可以是算术运算符、比较运算符、文本运算符和引用运算符；操作数可以是常量、单元格引用和函数等。

要输入公式必须先输入"＝"，然后再在其后输入运算符和操作数，否则 Excel 会将输入的内容作为文本型数据处理（如图 4-40 所示）。

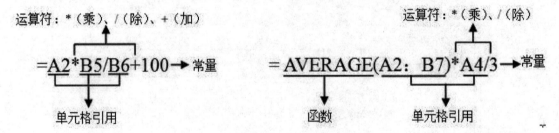

图 4-40　公式的组成

Excel 包含 4 种类型的运算符：算术运算符、比较运算符、文本运算符和引用运算符。

1. 算术运算符

算术运算符包括＋（加）、－（减）、＊（乘）、/（除）、ˆ（乘方）、％（百分比）、－（负）。除最后两个单目运算符外，其余均为双目运算符，即运算符两边均为数值类型数据才能进行运算。其运算结果仍是数值型数据（见表 4-1）。

表 4-1　算数运算符

算术运算符	含义	示例
＋	加法	3＋3
－	减法	3－1
	负	－1

续表

算术运算符	含义	示例
*	乘法	3*3
/	除法	3/3
%	百分比	20%
^	乘方	3^2

2. 比较运算符

比较运算符有 6 个（见表 4-2），它们的作用是比较两个值，并得出一个逻辑值，即"true（真）"或"false（假）"。

表 4-2　比较运算符

比较运算符	含义	示例
=	等于	3=3
<	小于	3<1
>	大于	3>1
<=	小于等于	3<=3
>=	大于等于	2>=1
<>	不等于	3<>2

3. 文本连接运算符

文本运算符只有一个 &（连接），符号两边均应为文本型数据，连接结果仍是文本型数据。

例如："Micro"&"soft"结果为"Microsoft"

4. 引用运算符

引用运算符可以将单元格合并计算（见表 4-3），包括空格（）为交叉运算符、逗号（,）为联合运算符、冒号（:）为区域运算符。

表 4-3　引用运算符

引用运算符	含义	示例
：（冒号）	区域运算符，产生一个对包括在两个引用之间的所有单元格的引用	B5：B15
，（逗号）	联合运算符，将多个引用合并为一个引用	SUM（B5：B15，D5：D15）
（空格）	交集运算符，产生一个对两个引用中共有的单元格的引用	B7：D7　C6：C8 （C7 为两个区域共有单元格）

5. 运算符的优先级

表中显示运算符由上至下，级别依次降低（见表 4-4）。当公式中包含多个运算符，优先级高的运算符先运算；若优先级相同，从左到右计算（单目运算除外）。若要改变运算的优先级，可利用括号将先计算的部分括起来。

表 4-4　运算符优先级

运算符	说明
：（冒号） （单个空格） ，（逗号）	引用运算符
－	负号
%	百分比
^	乘方
* 和 /	乘和除
＋ 和－	加和减
&	连接两个文本字符串（连接）
＝ ＜ ＞ ＜＝ ＞＝ ＜＞	比较运算符

三、单元格引用

在使用公式进行数据计算时，除了可以直接使用常量数据之外，还可以引用单元格。例如：公式＝A1＋B3－728 中，引用了单元格 A1 和 B3，同时还使用了常量 728。

引用的作用是通过标识工作表中的单元格或单元格区域，来指明公式中所使用的数据的位置。通过单元格的引用，可以在一个公式中使用工作表不同部分的数据，或者在多个公式中使用一个单元格中的数据，还可以引用同一个工作簿中不同工作表中的数据。当公式中引用的单元格数值发生变化时，公式的计算结果也会自动更新。

1. 相对引用

相对引用指的是单元格的相对地址，其引用形式为直接用列标和行号表示单元格，例如 B5，或用引用运算符表示单元格区域，如 B5：D15。如果公式所在单元格的位置改变，引用也随之改变。默认情况下，公式使用相对引用。

引用单元格区域时，应先输入单元格区域起始位置的单元格地址，然后输入引用运算符，再输入单元格区域结束位置的单元格地址。

特别注意的是，如果使用相对引用，当公式在复制时会根据移动的位置自动调节公式中引用单元格地址。

2. 绝对引用

绝对引用是指引用单元格的精确地址，与包含公式的单元格位置无关，即不论将公式复制或移动到什么位置，引用的单元格地址的行和列都不会改变。绝对引用的引用形式为在列标和行号的前面都加上"MYM"符号，如 MYMBMYM5；MYMDMYM15。

3. 混合引用

引用中既包含绝对引用又包含相对引用的称为混合引用，如 AMYM1 或 MYMA1 等，用于表示列变行不变或列不变行变的引用。

4. 引用的使用

在了解了单元格引用方法后，就可以在公式中对单元格进行引用。

（1）引用同一工作表中的单元格：直接在公式中输入引用单元格的地址或使用鼠标框选引用单元格或单元格区域。

（2）引用同一工作薄中其他工作表的单元格：在单元格引用的前面加上工作表的名称和感叹号"！"；或使用鼠标框选引用单元格或单元格区域，这时 Excel 会自动在前面加上工作表的名称和感叹号"！"。如：Sheet2! F8 至 F16，就是引用 Sheet2 表中的 F8 至 F16 区域。

（3）引用其他工作薄中的单元格："工作薄存储地址［工作薄名称］工作表名称"! 单元格地址。

4. 定义和使用

为便于查找和理解区域数据，Excel 可对单元格或区域（连续的或非连续的）进行定义名称。

定义方法：选中待命名的单元格或区域，再单击编辑栏左端的【名称】框，输入要定义的名称，按【Enter】键。

使用定义后的【名称】对单元格或区域进行操作，相当于绝对引用。

5. 公式错误

如果公式无法正确计算结果，Excel 将会显示错误值，常见错误值如表 4-5 所示。

表 4-5　公式常见错误值

错误值	说明
＃＃＃＃	表示计算结果位数过宽，或日期和时间结果出现负值
＃ DIV/0!	表示有空白单元格或零值单元格出现在除数中，需要检查修改
＃ N/A	表示当前单元格中没有可用的数值
＃ NAME?	表示使用了 Excel 不能识别的文本，必须改写
＃ NULL!	表示其交集为空
＃ NUM!	表示其数值超出了 $-1 \times 100^{307} \sim 1 \times 100^{307}$ 的范围或某个数字有问题
＃ REF!	表示单元格的引用内容是无效的
＃VALUE!	表示使用的参数或运算对象类型错误

四、公式的使用

1. 创建公式

创建公式，可以直接在单元格中输入，也可以在编辑栏中输入，输入方法与输入普通数据相似。

也可在输入等号后单击要引用的单元格，然后输入运算符，再单击要引用的单元格（引用的单元格周围会出现不同颜色的边框线，它与单元格地址的颜色一致，便于用户查看）（如图 4-41 所示）。

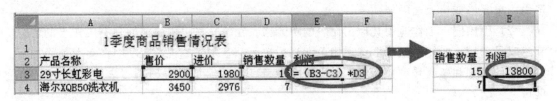

图 4-41　公式的插入

2. 移动和复制公式

移动和复制公式的操作与移动、复制单元格的操作方法是一样的。要注意的是复制公式时，单元格引用会根据所用引用类型而变化，即系统会自动改变公式中引用的单元格地址（如图 4-42 所示）。

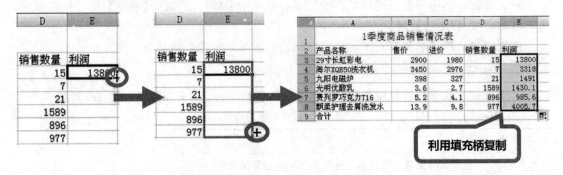

图 4-42　使用填充柄复制公式

3. 修改公式

要修改公式，可单击含有公式的单元格，然后在【编辑栏】中进行修改，或双击单元格后直接在单元格中进行修改，修改完毕按【Enter】键确认。

五、函数

Excel 中所提的函数其实是一些预定义的公式，它们使用一些称为参数的特定数值按特定的顺序或结构进行计算。可以直接用它们对某个区域内的数值进行一系列处理，如分析、处理日期值和时间值等。例如，要求单元格 A1 到 H1 中一系列数字之和，可以输入函数＝SUM（A1∶H1），而不是输入公式＝A1＋B1＋C1＋…＋H1。

使用函数时，应首先确认已在单元格中输入了"＝"号，即已进入公式编辑状态。接下来可输入函数名称，再紧跟着一对括号，括号内为一个或多个参数，参数之间要用逗号来分隔。用户可以在单元格中手工输入函数，也可以使用函数向导输入函数。

1. 函数的组成

每个函数都包含三个部分：函数名称、自变量和小括号。我们以求和函数 SUM 为例来说明：

（1）SUM 是函数名称，从函数名称可大略得知函数的功能、用途。

（2）小括号用来括住自变量，有些函数虽不需要自变量，但小括号还是不可以省略。

（3）自变量是函数计算时所必须使用的数据，例如 SUM（1，3，5）即表示要计算三个数字的总和（1＋3＋5），其中的 1，3，5 就是自变量。

函数的自变量不仅只有数字类型而已，也可以是文字或以下 3 项类别：

（1）引用：如 SUM（B1，C3）即是要计算 B1 单元格的值＋C3 单元格的值。

（2）范围：如 SUM（A1∶H1）即是要求 A1∶H1 范围的和。

（3）函数：如 SQRT（SUM（B1∶B4））即是先求出 B1∶B4 的总和后，再开平方根的结果。

2. 输入函数

1）插入函数法

函数向导：选择【公式】→【函数库】→【插入函数】，弹出【插入函数】对话框，选择类别，单击需要使用的函数名，点击【确定】按钮，进入【函数参数】对话框，输入函数所需要的参数，在点击【确定】按钮完成。在【函数参数】对话框中，可以通过函数说明、参数说明和【有关该函数的帮助】了解函数的使用（如图 4-43 所示）。

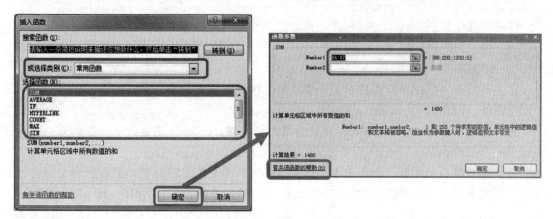

图 4-43　使用函数向导插入函数

2）直接输入法

直接输入一般用于参数比较单一、简单的函数，即用户能记住函数的名称、参数等，此时可直接在单元格中输入函数。

选取要插入函数的单元格，若设置了【公式记忆式键入】功能，则键入 ＝（等号）

和开头的几个字母或显示触发字符之后，Excel 会在单元格的下方显示一个动态下拉列表，可以在下拉列表中选择需要使用的函数来加快输入，并且在输入函数参数过程中 Excel 会由关于参数的提示，初学者可以根据提示来确认输入内容（如图 4-44 所示）。

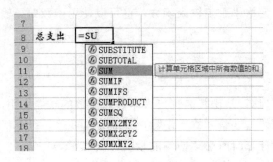

图 4-44　直接输入函数

3. 常用函数

1）AVERAGE 函数

①主要功能：求出所有参数的算术平均值。

②语法：AVERAGE（number1，number2，…）。

③参数说明：number1，number2，…：需要求平均值的数值或引用单元格（区域），参数不超过 30 个。

④实例：在 B8 单元格中输入公式：＝AVERAGE（B7：D7，F7：H7，8），确认后，即可求出 B7 至 D7 区域、F7 至 H7 区域中的数值和 8 的平均值。

2）SUM 函数

①主要功能：计算所有参数数值的和。

②语法：SUM（number1，number2，…）。

③参数说明：number，number2…代表需要计算的值，可以是具体的数值、引用的单元格（区域）、逻辑值等。

3）SUMIF

①主要功能：根据指定条件对若干单元格、区域或引用求和。

②语法：SUMIF（range，criteria，sum＿range）

③参数说明：range 为用于条件判断的单元格区域；criteria 是由数字、逻辑表达式等组成的判定条件；sum＿range 为需要求和的单元格、区域或引用。

④实例：某单位统计工资报表中职称为"中级"的员工工资总额。假设工资总额存放在工作表的 F 列，员工职称存放在工作表 B 列。则公式为"＝SUMIF（B1：B1000,"中级"，F1：F1000)"，其中"B1：B1000"为提供逻辑判断依据的单元格区域,"中级"为判断条件，就是仅仅统计 B1：B1000 区域中职称为"中级"的单元格，F1：F1000 为实际求和的单元格区域。

4）COUNT

①主要功能：返回数字参数的个数。它可以统计数组或单元格区域中含有数字的单元格个数。

②语法：COUNT（value1，value2，…）。

③参数说明：Value1，value2，…是包含或引用各种类型数据的参数（1～30 个），其中只有数字类型的数据才能被统计。

④实例：如果 A1＝A2＝人数，A3＝""，A4＝A5＝36，则公式"＝COUNT（A1：A5）"返回 3。

5）COUNTA

①主要功能：返回参数组中非空值的数目。利用函数 COUNTA 可以计算数组或单元格区域中数据项的个数。

②语法：COUNTA（value1，value2，…）。

③参数说明：Value1，value2，…所要计数的值，参数个数为 1～30 个。在这种情况下的参数可以是任何类型，它们包括空格但不包括空白单元格。如果参数是数组或单元格引用，则数组或引用中的空白单元格将被忽略。如果不需要统计逻辑值、文字或错误值，则应该使用 COUNT 函数。

④实例：如果 A1＝6，A2＝3.74，其余单元格为空，则公式"＝COUNTA（A1：A7）"的计算结果等于 2。

6）DATE 函数

①主要功能：给出指定数值的日期。

②语法：DATE（year，month，day）。

③参数说明：year 为指定的年份数值（小于 9999）；month 为指定的月份数值（可以大于 12）；day 为指定的天数。

④实例：在 C20 单元格中输入公式：＝DATE（2003，13，35），确认后，显示出 2004－2－4。

7）DAY 函数

①主要功能：求出指定日期或引用单元格中的日期的天数。

②语法：DAY（serial_number）参数说明：serial_number 代表指定的日期或引用的单元格。

③实例：输入公式：＝DAY（"2003－12－18"），确认后，显示出 18。

④特别提醒：如果是给定的日期，请包含在英文双引号中。

8）MONTH 函数

①主要功能：求出指定日期或引用单元格中的日期的月份。

②语法：MONTH（serial_number）。

③参数说明：serial_number 代表指定的日期或引用的单元格。

④实例：输入公式：＝MONTH（"2003－12－18"），确认后，显示出 12。

9）NOW 函数

①主要功能：给出当前系统日期和时间。

②语法：NOW（）。

③参数说明：该函数不需要参数。

④实例：输入公式：＝NOW（），确认后即可显示出当前系统日期和时间。如果系统

日期和时间发生了改变，只要按一下 F9 功能键，即可让其随之改变。

10）TODAY 函数

①主要功能：给出系统日期。

②语法：TODAY（）。

③参数说明：该函数不需要参数。

④实例：输入公式：＝TODAY（），确认后即可显示出系统日期和时间。如果系统日期和时间发生了改变，只要按一下 F9 功能键，即可让其随之改变。

11）COUNTIF 函数

①主要功能：统计某个单元格区域中符合指定条件的单元格数目。

②语法：COUNTIF（range，criteria）。

③参数说明：range 代表要统计的单元格区域；criteria 表示指定的条件表达式。

④实例：在 C17 单元格中输入公式：＝COUNTIF（B1：B13,"＞＝80"），确认后，即可统计出 B1 至 B13 单元格区域中，数值大于等于 80 的单元格数目。

12）IF 函数

①主要功能：根据对指定条件的逻辑判断的真假结果，返回相对应的内容。

②语法：＝IF（logical，value_if_true，value_if_false）

③参数说明：logical 代表逻辑判断表达式；value_if_true 表示当判断条件为逻辑"真（TRUE）"时的显示内容，如果忽略返回"TRUE"；value_if_false 表示当判断条件为逻辑"假（FALSE）"时的显示内容，如果忽略返回"FALSE"。

④实例：C29 单元格中输入公式：＝IF（C26>=18,"符合要求","不符合要求"），确信以后，如果 C26 单元格中的数值大于或等于 18，则 C29 单元格显示"符合要求"字样，反之显示"不符合要求"字样。

13）LEFT

①LEFT 从一个文本字符串的第一个字符开始，截取指定数目的字符。

②主要功能：根据指定的字符数返回文本串中的第一个或前几个字符。此函数用于双字节字符。

③语法：LEFT（text，num_chars）或 LEFTB（text，num_bytes）。

④参数说明：text 是包含要提取字符的文本串；num_chars 指定函数要提取的字符数，它必须大于或等于 0。num_bytes 按字节数指定由 LEFTB 提取的字符数。

⑤实例：如果 A1＝电脑爱好者，则 LEFT（A1，2）返回"电脑"，LEFTB（A1，2）返回"电"。

14）LEN

①LEN 统计文本字符串中字符数目。

②主要功能：LEN 返回文本串的字符数。LENB 返回文本串中所有字符的字节数。

③语法：LEN（text）或 LENB（text）。

④参数说明：text 待要查找其长度的文本。

⑤注意：此函数用于双字节字符，且空格也将作为字符进行统计。

⑥实例：如果 A1＝电脑爱好者，则公式"＝LEN（A1）"返回 5，＝LENB（A1）返

回 10。

15）MID

①主要功能：MID 返回文本串中从指定位置开始的特定数目的字符，该数目由用户指定。MIDB 返回文本串中从指定位置开始的特定数目的字符，该数目由用户指定。MIDB 函数可以用于双字节字符。

②语法：MID（text，start＿num，num＿chars）或 MIDB（text，start＿num，num＿bytes）。

③参数说明：text 是包含要提取字符的文本串。start＿num 是文本中要提取的第一个字符的位置，文本中第一个字符的 start＿num 为 1，以此类推；num＿chars 指定希望 MID 从文本中返回字符的个数；num＿bytes 指定希望 MIDB 从文本中按字节返回字符的个数。

④实例：如果 A1＝电子计算机，则公式：＝MID（A1，3，2）返回"计算"，＝MIDB（A1，3，2）返回"子"。

16）RIGHT

①主要功能：RIGHT 根据所指定的字符数返回文本串中最后一个或多个字符。RIGHTB 根据所指定的字节数返回文本串中最后一个或多个字符。

②语法：RIGHT（text，num＿chars），RIGHTB（text，num＿bytes）。

③参数说明：text 是包含要提取字符的文本串；num＿chars 指定希望 RIGHT 提取的字符数，它必须大于或等于 0。如果 num＿chars 大于文本长度，则 RIGHT 返回所有文本。如果忽略 num＿chars，则假定其为 1。Num＿bytes 指定欲提取字符的字节数。

④实例：如果 A1＝学习的革命，则公式：＝RIGHT（A1，2）返回"革命"，＝RIGHTB（A1，2）返回"命"。

17）MAX 函数

①主要功能：求出一组数中的最大值。

②语法：MAX（number1，number2，…）。

③参数说明：number1，number2，…代表需要求最大值的数值或引用单元格（区域），参数不超过 30 个。

④实例：输入公式：＝MAX（E44：J44，7，8，9，10），确认后即可显示出 E44 至 J44 单元和区域和数值 7，8，9，10 中的最大值。

18）MIN 函数

①主要功能：求出一组数中的最小值。

②语法：MIN（number1，number2，…）。

③参数说明：number1，number2，…代表需要求最小值的数值或引用单元格（区域），参数不超过 30 个。

④实例：输入公式：＝MIN（E44：J44，7，8，9，10），确认后即可显示出 E44 至 J44 单元和区域和数值 7，8，9，10 中的最小值。

19）VLOOKUP

①主要功能：在表格或数值数组的首列查找指定的数值，并由此返回表格或数组当前

行中指定列处的数值。当比较值位于数据表首列时，可以使用函数 VLOOKUP 代替函数 HLOOKUP。

②语法：VLOOKUP（lookup _ value，table _ array，col _ index _ num，range _ lookup）。

③参数说明：lookup _ value 为需要在数据表第一列中查找的数值，它可以是数值、引用或文字符串。table _ array 为需要在其中查找数据的数据表，可以使用对区域或区域名称的引用。col _ index _ num 为 table _ array 中待返回的匹配值的列序号。col _ index _ num 为 1 时，返回 table _ array 第一列中的数值；col _ index _ num 为 2 时，返回 table _ array 第二列中的数值，以此类推。Range _ lookup 为一逻辑值，指明函数 VLOOKUP 返回时是精确匹配还是近似匹配。如果为 TRUE 或省略，则返回近似匹配值，也就是说，如果找不到精确匹配值，则返回小于 lookup _ value 的最大数值；如果 range _ value 为 FALSE，函数 VLOOKUP 将返回精确匹配值。如果找不到，则返回错误值＃N/A。

④实例：如果 A1＝A2＝A3＝A4＝65，则公式：＝VLOOKUP（50，A1：A4，1，TRUE）返回 50。

4. 自动计算

使用自动计算功能，可以让用户不需输入任何公式或函数的情况下，也能快速得到运算结果，其可计算的项目包括求和、平均值、数值计数、最大值、最小值等常用的类别。

如图 4-45 所示，只要选取 E2：E11 单元格，马上就会在状态栏看到计算结果。

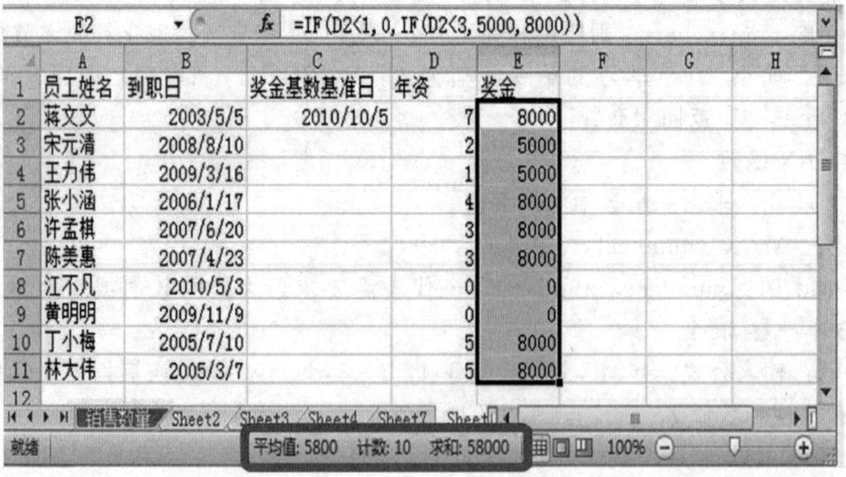

	A	B	C	D	E
1	员工姓名	到职日	奖金基数基准日	年资	奖金
2	蒋文文	2003/5/5	2010/10/5	7	8000
3	宋元清	2008/8/10		2	5000
4	王力伟	2009/3/16		1	5000
5	张小涵	2006/1/17		4	8000
6	许孟棋	2007/6/20		3	8000
7	陈美惠	2007/4/23		3	8000
8	江不凡	2010/5/3		0	0
9	黄明明	2009/11/9		0	0
10	丁小梅	2005/7/10		5	8000
11	林大伟	2005/3/7		5	8000

图 4-45 自动计算

若要变更目前计算的项目，可以在状态栏点击右键，在弹出的【自定义状态栏】列表中勾选需要增加或取消的计算功能，例如可以增加最大值和最小值两项（如图 4-46 所示）。

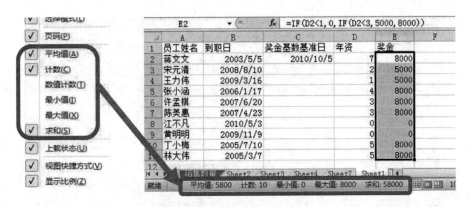

图 4-46　调整自动计算功能

第六节　图表

图表以图形形式显示数值数据系列，具有较好的视觉效果，反映数据之间的关系和变化，数据更加直观、易懂。当工作表中的数据源发生变化时，图表中对应项的数据也自动更新。

Excel 2010 支持创建各种类型的图表，如柱形图、折线图、饼图、条形图、面积图、散点图等，使我们可以用多种方式表示工作表中的数据，例如，可以用柱形图比较数据间的多少关系；用折线图反映数据的变化趋势；用饼图表现数据间的比例分配关系。

要创建和编辑图表，首先需要认识图表的组成元素（称为图表项），下面以柱形图为例，它主要由图表区、标题、绘图区、坐标轴、图例、数据系列等组成（如图 4-47 所示）。

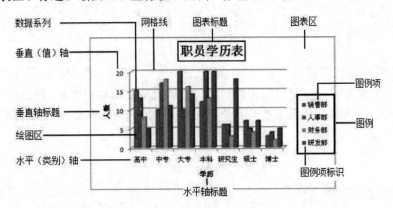

图 4-47　图表的组成

一、图表的类型

Excel 2010 提供的图表类型包括柱形图、折线图、饼图、条形图、面积图、散点图、股价图、曲面图、圆环图、气泡图和雷达图，共 11 大类标准图表，有二维图表和三维图表，可以选择多种类型图表创建组合图（如图 4-48 所示）。

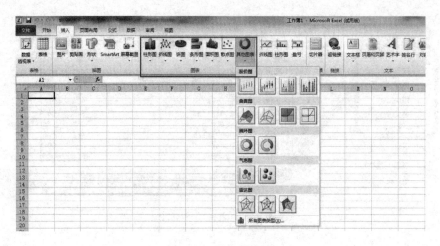

图 4-48　图标的类型

1. 柱形图

柱形图是最普遍使用的图表类型，它很适合用来表现一段期间内数量上的变化，或是比较不同项目之间的差异，各种项目放置于水平坐标轴上，而其值则以垂直的长条显示（如图 4-49 所示）。例如各项产品在第一季每个月的销售量。

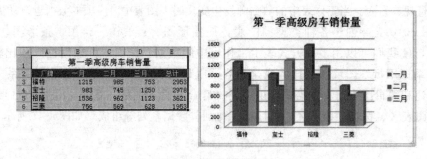

图 4-49　柱形图

2. 折线图

折线图可以显示一段时间内的连续数据，适合用来显示相等间隔（每月、每季、每年……）的资料趋势。例如某公司想查看各分公司每一季的销售状况，就可以利用折线图来显示（如图 4-50 所示）。

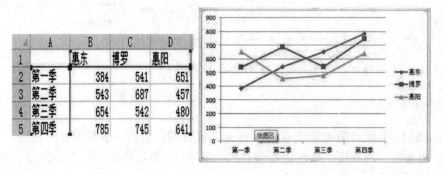

图 4-50　折线图

3. 饼图

饼图只能有一组数列数据，每个数据项都有唯一的色彩或是图样，饼图适合用来表现各个项目在全体数据中所占的比率。例如底下我们要查看流行时尚杂志中卖得最好的是哪一本，就可以使用饼图来表示（如图 4-51 所示）。

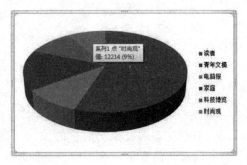

图 4-51 饼图

4. 条形图

条形图可以显示每个项目之间的比较情形，y 轴表示类别项目，x 轴表示值，条形图主要是强调各项目之间的比较，不强调时间。例如可以查看各地区的销售额，或是像图 4-52 所列出各项商品的人气指数。

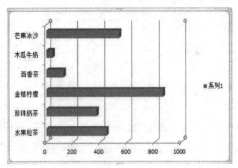

图 4-52 条形图

5. 散点图

散点图显示 2 组或是多组资料数值之间的关联。散点图若包含 2 组坐标轴，会在水平轴显示一组数字数据，在垂直轴显示另一组数据，图表会将这些值合并成单一的数据点，并以不均匀间隔显示这些值（如图 4-53 所示）。散点图通常用于科学、统计及工程数据，也可以拿来做产品的比较，例如底下的冰热两种饮料会随着气温变化而影响销售量，气温愈高，冷饮的销量愈好。

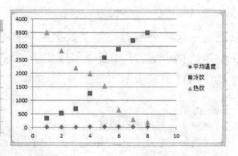

	A	B	C	D
1	月份	平均温度	冷饮	热饮
2	1	15	328	3504
3	2	16	524	2843
4	3	22	680	2204
5	4	28	1257	1985
6	5	30	2564	1542
7	6	32	2894	650
8	7	35	3210	310
9	8	38	3483	210

图 4-53　散点图

6. 股票图

图顾名思义，股票就是用在说明股价的波动，例如你可以依序输入成交量、开盘价、最高价、最低价、收盘价的数据，来当做投资的趋势分析图（如图 4-54 所示）。

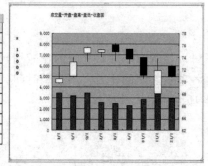

图 4-54　股票图

7. 圆环图

圆环图与饼图类似，不过圆环图可以包含多个资料数列，而饼图只能包含一组数列。例如下图的例子，可以看出电器产品近四年的销售状况（如图 4-55 所示）。

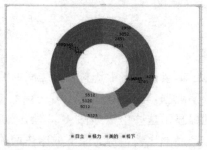

图 4-55　圆环图

8. 泡泡图

泡泡图和散布图类似，不过泡泡图是比较 3 组数值，其数据在工作表中是以栏进行排列，水平轴的数值（x 轴）在第一栏中，而对应的垂直轴数值（y 轴）及泡泡大小值则列在相邻的栏中。例如底下的例子，x 轴代表产品的销售量，y 轴代表产品的销售额，而泡泡的大小则是广告费（如图 4-56 所示）。

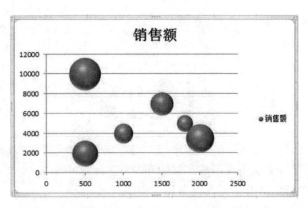

图 4-56　泡泡图

9. 雷达图

雷达图可以用来做多个资料数列的比较。例如图 4-57 的例子，我们可以雷达图来了解每位学生最擅长及最不擅长的科目。

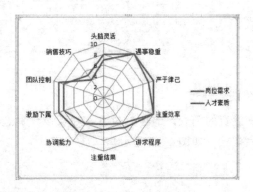

图 4-57　雷达图

二、图表创建和编辑

1. 创建基本图表

（1）选择用于图表数据的单元格区域。

（2）单击【插入】选项卡，选择【图表】组中单击所需图表类型来创建基本图表。

（3）确定图表位置。

2. 编辑图表布局

1）应用预定义图表布局

选中需要设置的图表区的任意位置，在【设计】选项卡中的【图表布局】组中，单击要使用的图表布局（如图 4-58 所示）。

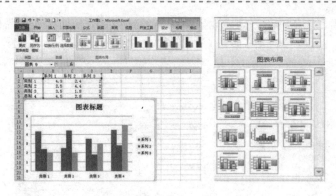

图 4-58　应用预定义图表布局

2）手动更改图表元素的布局

（1）单击要更改其布局的图表元素。

（2）在【布局】选项卡的【当前选所选内容】组中，单击【图表元素】框中的箭头选择待修改的图表元素（如图 4-59 所示）。

（3）在【布局】选项卡上的【标签】【坐标轴】或【背景】组中，选择图表元素按钮。

图 4-59　更改图表布局

3. 编辑图表样式

选中要设置的图表区的任意位置，在【设计】选项卡上的【图表样式】组中，单击要使用的图表样式（如图 4-60 所示）。

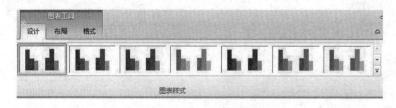

图 4-60　使用图表样式

4. 编辑图表类型

先选中图表，选择【设计】→【类型】→【更改图表类型】（如图 4-61 所示）。

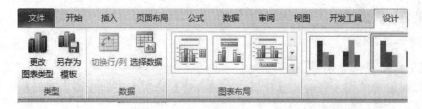

图 4-61　更改图表类型

5. 编辑图表数据

若要修改生成图表的数据，单击【设计】选项卡，选择【数据】组中【选择数据】，在弹出的【选择数据源】对话框中重新选择图表数据区（如图 4-62 所示）。

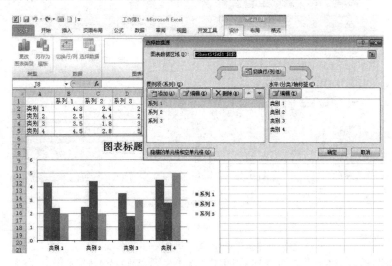

图 4-62　修改数据源

6. 美化图表

利用【图表工具】的【格式】选项卡可分别对图表的图表区、绘图区、标题、坐标轴、图例项、数据系列等组成元素进行格式设置，如使用系统提供的形状样式快速设置，或单独设置填充颜色、边框颜色和字体等，从而美化图表。

如果要快速美化图表，可在【图表工具】的【设计】的【图表样式】组中选择一种系统内置的图表样式。

三、迷你图

迷你图是一个微型图表，可提供数据的直观表示。使用迷你图可以显示一系列数值的趋势，或者突出显示最大值和最小值。与 Excel 工作表上的图表不同，迷你图不是对象，而是单元格背景中的一个微型图表，迷你图可打印。

1. 创建迷你图

选择插入迷你图的单元格，在【插入】选项卡的【迷你图】组中，单击要创建的迷你图的类型：【折线图】、【柱形图】或【盈亏图】。在弹出的【创建迷你图】对话框中输入【数据范围】和迷你图的【位置范围】（如图 4-63 所示）。

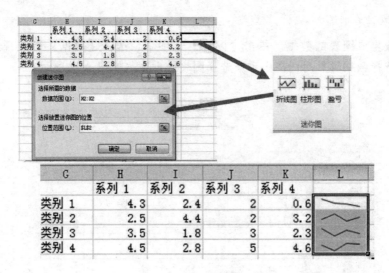

图 4-63　创建迷你图

2. 编辑迷你图

创建迷你图后，功能区增加【迷你图工具】，显示【设计】选项卡，分为多个组：【迷你图】、【类型】、【显示】、【样式】和【分组】（如图 4-64 所示）。使用这些命令可以编辑已创建的迷你图。

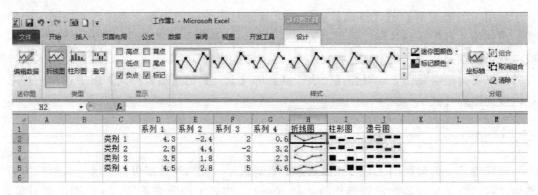

图 4-64　编辑迷你图

第七节　数据管理与分析

除了可以利用公式和函数对工作表数据进行计算和处理外，还可以利用 Excel 提供的数据排序、筛选、分类汇总，以及合并计算等功能来管理和分析工作表中的数据。

一、排序

Excel 提供了按数字大小顺序排序、按字母顺序排序等规则进行排序（见表 4-6）。

表 4-6 排序规则

类型	说明（升序）
数字	从最小的负数到最在的正数进行排序
字体	在按字母先后顺序对文本项进行排序时，Excel 从左到右逐个字符地进行排序。例如，如果一个单元格中含有文本"A100"，则这个单元格将排在含有"A1"的单元格的后面，含有"A11"的单元格的前面
文本以及包含数字的文本	0 1 2 3 4 5 6 7 8 9（空格）! " ＃ ＄ ％ ＆ ( ) ＊ , . / : ; ? @ [\ ] ^ _ ` { | } − ＋ ＜ ＝ ＞ A B C D E F G H I J K L M N O P Q R S T U V W X Y Z 撇号（'）和连字符（一）会被忽略
逻辑值	FALSE 排在 TRUE 之前
错误值	所有错误值的优先级相同
空格	空格始终排在最后

1. 单关键字排序

按哪一个字段排序，选中数据区域排序列的任一单元格，单击【数据】选项卡中【排序和筛选】组的【升序】或【降序】（如图 4-65 所示）。特别注意，排序后，记录（行）位置发生变化，而不是字段（列）数据位置发生变化。

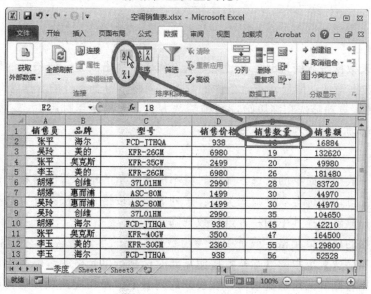

图 4-65 单关键字排序

2. 多关键字排序

多关键字排序就是对工作表中的数据按两个或两个以上的关键字进行排序。在此排序方式下，为了获得最佳结果，要排序的单元格区域应包含列标题。

对多个关键字进行排序时，在主要关键字完全相同的情况下，会根据指定的次要关键字进行排序；在次要关键字完全相同的情况下，会根据指定的下一个次要关键字进行排序，依次类推。

选择待排序数据区域中任一单元格，单击【数据】→【排序和筛选】→【排序】，在弹出的【排序】对话框中设置条件（如图 4-66 所示）。

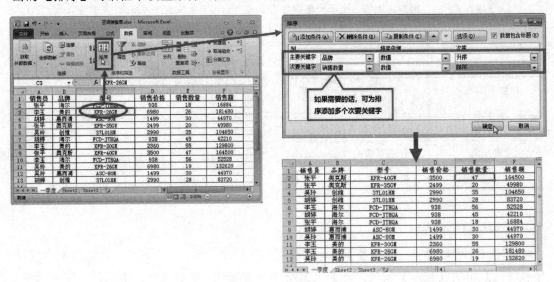

图 4-66　多关键字排序

二、筛选

在对工作表数据进行处理时，有时需要从工作表中找出满足一定条件的数据，这时可以用 Excel 的数据筛选功能显示符合条件的数据，而将不符合条件的数据隐藏起来。

Excel 提供了自动筛选和高级筛选两种筛选方式，无论使用哪种方式，要进行筛选操作，数据表中必须有列标签。

1. 自动筛选

自动筛选一般用于简单的筛选，筛选时将不需要显示的记录暂时隐藏起来，只显示符合条件的记录。自动筛选有 3 种筛选类型：按列表值、按格式或按条件。这三种筛选类型是互斥的，用户只能选择其中的一种进行数据筛选。

单击有数据的任意单元格，或选中要参与数据筛选的单元格区域，然后单击【数据】选项卡【排序和筛选】组中的【筛选】按钮，此时标题行单元格的右侧将出现三角筛选按钮，单击列标题右侧的三角筛选按钮，在展开的列表中选择相应选项并进行相应设置，即可筛选出所需数据（如图 4-67 所示）。

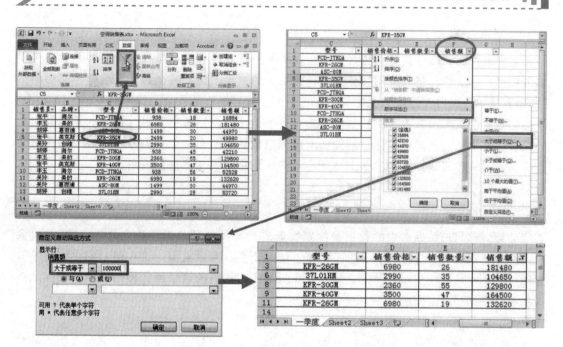

图 4-67 自动筛选

2. 高级筛选

高级筛选用于条件较复杂的筛选操作，其筛选结果可显示在原数据表格中，不符合条件的记录被隐藏起来，也可以在新的位置显示筛选结果，不符合条件的记录同时保留在数据表中，从而便于进行数据的对比。

要通过多个条件来筛选单元格区域，应首先在选定工作表中的指定区域创建筛选条件，然后单击数据区域中任一单元格，也可先选中要进行高级筛选的数据区域，再单击【数据】选项卡上【排序和筛选】组中的【高级】按钮，打开【高级筛选】对话框（如图4-68所示），接下来分别选择要筛选的单元格区域、筛选条件区域和保存筛选结果的目标区域。

学号	高等数学	大学英语	总分
2012010501	85	80	165
2012010502	90	75	165
2012010506	65	90	155
2012010509	70	90	160
2012010510	95	80	175

高等数学	大学英语	总分
>80		>=160
	>=90	

高级筛选

方式
◉ 在原有区域显示筛选结果(F)
○ 将筛选结果复制到其他位置(O)

列表区域(L): $E$1:$H$13
条件区域(C): $J$1:$L$3
复制到(T):

☐ 选择不重复的记录(R)

确定　　取消

图 4-68 高级筛选

3. 取消筛选

对于不再需要的筛选可以将其取消。若要取消在数据表中对某一列进行的筛选，可以单击该列列标签单元格右侧的筛选按钮，在展开的列表中选择【全选】复选框，然后单击【确定】按钮。此时筛选按钮上的筛选标记消失，该列所有数据显示出来。

若要取消在工作表中对所有列的筛选，可单击【数据】选项卡上【排序和筛选】组中的【清除】按钮，此时筛选标记消失，所有列数据显示出来。若要删除工作表中的三角筛选箭头，可单击【数据】选项卡上【排序和筛选】组中的【筛选】按钮。

三、分类汇总

分类汇总是把数据表中的数据分门别类地进行统计处理，无需建立公式，Excel 将会自动对各类别的数据进行求和、求平均值、统计个数、求最大值（最小值）和总体方差等多种计算，并且分级显示汇总的结果，从而增加了工作表的可读性，使用户能更快捷地获得需要的数据并做出判断。

分类汇总前，数据区域要满足如下 2 个条件：

（1）进行分类汇总计算的每个列的第一行都具有一个标签，每个列中都包含类似的数据，并且该区域不包含任何空白行或空白列。

（2）在分类汇总之前必须先对数据进行排序，以使得拥有同一类关键字的记录集中在一起。

1. 插入分类汇总

选中待分类汇总的数据区域任一单元格，在【数据】→【分级显示】→【分类汇总】，显示【分类汇总】对话框（如图 4-69 所示）。

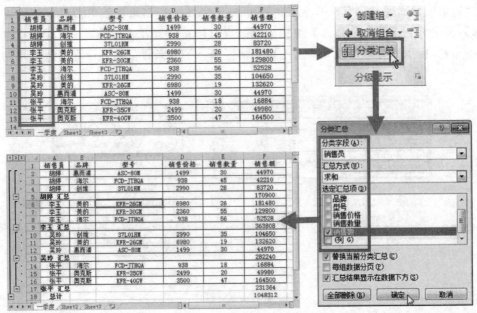

图 4-69　分类汇总

2. 删除分类汇总

选择包含分类汇总的区域中的某个单元格，在【数据】→【分级显示】→【分类汇总】，在弹出的【分类汇总】对话框中，单击【全部删除】按钮。

四、数据透视表

数据透视表能够将数据筛选、排序和分类汇总等操作依次完成（不需要使用公式和函数），并生成汇总表格，是 Excel 强大数据处理能力的具体体现。

为确保数据可用于数据透视表，在创建数据源时需要做到如下几个方面：

（1）删除所有空行或空列；

（2）确保第一行包含列标签；

（3）确保各列只包含一种类型的数据，而不能是文本与数字的混合。

创建数据透视表的操作很简单，用户要重点掌握的是如何利用它筛选和分类汇总数据，以对数据进行立体化的分析。

1. 创建数据透视表

创建数据透视表的步骤如下：

（1）选择数据源。选中表格中的任意一个单元格，注意该数据区域具有列标题或表中显示了标题，并且该区域或表中无空行。

（2）在【插入】→【表格】→【数据透视表】，或者单击【数据透视表】→【数据透视表】，Excel 都会显示【创建数据透视表】对话框（如图 4-70 所示）。

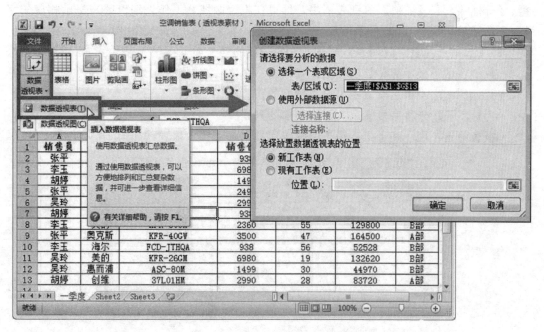

图 4-70 创建数据透视表

（3）在【创建数据透视表】对话框中，在【请选择要分析的数据】下，选中【选择一个表或区域】。在【选择放置数据透视表的位置】下指定创建透视表的位置。

（4）Excel 会将空的数据透视表添加至指定位置并显示数据透视表字段列表，以便用户添加字段、创建布局以及自定义数据透视表（如图 4-71 所示）。

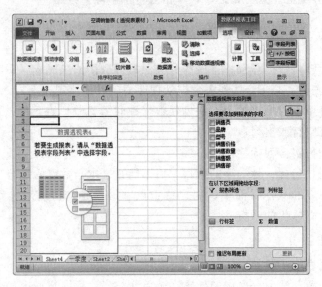

图 4-71　数据透视表布局

（5）默认情况下，【数据透视表字段列表】窗格显示两部分：上方的字段列表区是源数据表中包含的字段（列标签），将其拖入下方字段布局区域中的【报表筛选】、【列标签】、【行标签】和【数值】等列表框中，即可在报表区域（工作表编辑区）显示相应的字段和汇总结果。

（6）【数据透视表字段列表】窗格下方各选项的含义如下：

• 数值：用于显示汇总数值数据；

• 行标签：用于将字段显示为报表侧面的行；

• 列标签：用于将字段显示为报表顶部的列；

• 报表筛选：用于基于报表筛选中的选定项来筛选整个报表（如图 4-72 所示）。

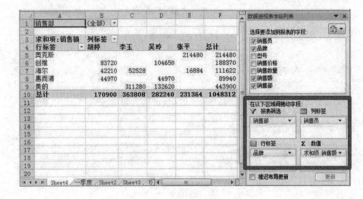

图 4-72　字段列表

2. 更改数据透视表

创建了数据透视表后，单击透视表区域任一单元格，将显示【数据透视表字段列表】窗格，用户可在其中更改字段。其中，在字段布局区单击添加的字段，从弹出的列表中选择【删除字段】项可删除字段；对于添加到"数值"列表中的字段，还可选择"值字段设置"选项，在打开的对话框中重新设置字段的汇总方式，如将"求和"改为"平均值"。

3. 数据透视图

创建数据透视表后，还可利用【数据透视表工具选项】选项卡更改数据透视表的数据源，添加数据透视图等。单击【数据透视图】按钮，打开【插入图表】对话框，选择一种图表类型，单击【确定】按钮即可插入数据透视图。

4. 切片器

在 Microsoft Excel 2010 中，使用切片器可以筛选数据透视表数据，指示当前筛选状态，便于快速准确地了解已筛选的数据透视表中所显示的内容。

（1）为数据透视表创建切片器

单击要为其创建切片器的数据透视表中的任意位置，在功能区中【数据透视表工具】→【选项】→【排序和筛选】→【插入切片器】（如图 4-73 所示）。

图 4-73　插入切片器

（2）删除切片器

如果不再需要某个切片器，可以将其删除。单击切片器，然后按 Delete。或者右键单击切片器，然后单击【删除＜切片器名称＞】。

第八节 打印

工作表制作完毕，有时需要将其打印出来，但在打印前还需进行一些设置，如设置工作表页面，设置要打印的区域，以及对多页工作表进行分页预览和调整分页等，这样才能按要求完美地打印工作表。打印前要预览打印内容和设置打印效果。

一、设置打印区域

默认情况下，Excel 会自动选择有文字的最大行和列作为打印区域，而通过设置打印区域可以只打印工作表中的部分数据。此外，如果工作表有多页，正常情况下，只有第一页能打印出标题行或标题列，为方便查看表格，通常需要为工作表的每页都加上标题行或标题列。

1. 设置打印工作表区域

设置打印工作表区域可将选定的区域定义为打印区域。

选中要设置为打印区域的单元格区域，然后在【打印区域】列表中选择【设置打印区域】项即可。

选择【取消打印区域】选项，可取消设置的打印区域（如图 4-74 所示）。

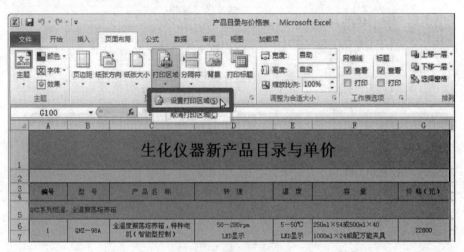

图 4-74 设置打印区域

2. 设置打印标题

当工作表有很多页，在打印时只有第一页才会有出标题行，可以通过页面设置，为工作表的每页都加上相同的标题行。

点击【页面布局】选项右下角的弹出按钮，在打开的【页面设置】对话框中选择【工作表】选项卡，点击【打印标题】中的【打印标题行】后的【区域选择】按钮，在工作表中拖选需要打印时每页都显示的行，点击【确定】按钮完成操作（如图 4-75 所示）。

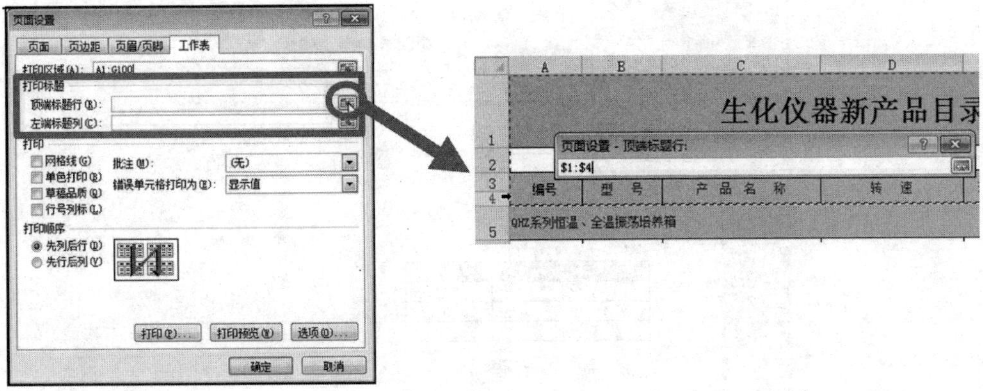

图 4-75　设置打印标题

3. 分页

如果需要打印的工作表中的内容不止一页，Excel 会自动插入分页符，将工作表分成多页。

（1）分页预览视图：单击【视图】选项卡上【工作簿视图】组中的【分页预览】按钮，可以将工作表从普通视图切换到分页预览视图，在分页预览视图中可以看到蓝色虚线为自动分页符。

（2）调整分页符：默认分页符的位置取决于纸张的大小和页边距设置等。我们也可在分页预览视图中改变默认分页符的位置，或插入、删除分页符，从而使表格的分页情况符合打印要求。要调整分页符的位置，只需将鼠标指针放置在分页符上，然后拖动鼠标即可。

（3）插入分页符：要插入分页符，可选中要插入水平或垂直分页符位置的下方行或右侧列，然后单击功能区【页面布局】选项卡上【页面设置】组中的【分隔符】按钮，在展开的列表中选择【插入分页符】项即可。

（4）删除分页符：若要删除分页符，单击垂直分页符右侧或水平分页符下方的单元格，或单击垂直分页符和水平分页符交叉处右下角的单元格，然后单击【分隔符】列表中的【删除分页符】项，可删除手动分页符。但是要注意，不能删除系统自动插入的分页符。

二、页面设置

1. 页面布局视图

点击【视图】→【工作簿视图】→【页面布局】。在此视图中，可以在打印的页面环境中查看数据。可添加或更改页眉和页脚、隐藏或显示行和列标题、更改打印页面的页面方向、更改数据的布局和格式、使用标尺调节数据的宽度和高度，以及为打印设置页边距（如图 4-76 所示）。

图 4-76　页面布局视图

2. 页面设置

点击【页面布局】选项右下角的弹出按钮，在打开的【页面设置】对话框中，我们可以做以下设置：

（1）【页面】选项卡用于设置打印方向、缩放、纸张大小、打印质量和起始页码（如图 4-77 所示）。

图 4-77　页面设置

（2）【页边距】选项卡用于设置打印数据在所选纸张的上、下、左、右留出的空白尺寸。设置页眉和页脚距上下两边的距离时，通常该距离应小于上下空白尺寸，否则将与正文重合。设置打印数据在纸张上水平居中或垂直居中，默认为靠上靠左对齐（如图 4-78 所示）。

图 4-78　页边距

（3）【页眉/页脚】选项卡用于设置页眉/页脚的格式。可以在页眉/页脚列表框中选择，也可自定义（如图 4-79 所示）。

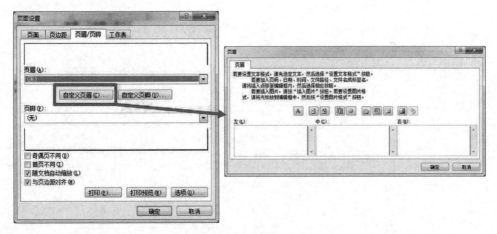

图 4-79　页眉页脚

（4）【工作表】选项卡用于设置打印区域、标题、打印设置和顺序。

三、预览和打印

单击功能区的【文件】选项卡标签，在打开的【文件】选项卡中单击【打印】项，可以在其右侧的窗格中查看打印前的实际打印效果，从中可看到设置的页眉和页脚，以及在每页打印标题等。

　　单击右侧窗格左下角的【上一页】按钮和【下一页】按钮，可查看前一页或下一页的预览效果。在这两个按钮之间的编辑框中输入页码数字，然后按【Enter】键，可快速查看该页的预览效果。

　　点击【文件】→【打印】，设置【打印机属性】和打印【设置】，在右侧预览页面，可以选择右下角【显示边距】按钮，调整页边距，若满足打印要求，单击【打印】（如图 4-80 所示）。

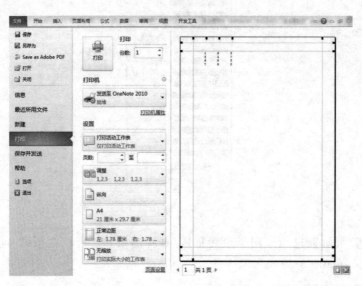

图 4-80　打印设置和预览

第五章　PowerPoint 2010

　　Microsoft Office PowerPoint，是微软公司的演示文稿软件。用户可以在投影仪或者计算机上进行演示，也可以将演示文稿打印出来，制作成胶片，以便应用到更广泛的领域中。利用 PowerPoint 不仅可以创建演示文稿，还可以在互联网上召开面对面会议、远程会议或在网上给观众展示演示文稿。

　　PowerPoint 做出来的东西叫演示文稿，其格式后缀名为：ppt、pptx；或者也可以保存为：pdf、图片格式等。PowerPoint 2010 及以上版本中可保存为视频格式。

第一节　PowerPoint 2010 概述

一、PowerPoint 2010 的基本概念

　　演示文稿是由若干张幻灯片组成，幻灯片是演示文稿的基本组成单位。我们要明确 PowerPoint 的几个基本概念。

　　（1）演示文稿 ：PowerPoint 文件一般称为演示文稿，其扩展名为".pptx"（或".ppt"）。演示文稿由一张张既独立又相互关联的幻灯片组成。

　　（2）幻灯片：幻灯片是演示文稿的基本组成元素，是演示文稿的表现形式。幻灯片的内容可以是文字、图像、表格、图表、视频和声音等。

　　（3）幻灯片对象：幻灯片对象是构成幻灯片的基本元素，是幻灯片的组成部分，包括文字、图像、表格、图表、视频和声音等。

　　（4）幻灯片版式：版式是指幻灯片中对象的布局方式，它包括对象的种类以及对象和对象之间的相对位置。

　　（5）幻灯片模板：模板是指演示文稿整体上的外观风格，它包含预定的文字格式、颜色、背景图案等。系统提供了若干模板供用户选用，用户也可以自建模板，或者上网下载模板。

二、PowerPoint 2010 的启动与退出

　　1. 启动

　　（1）单击【开始】菜单，执行【所有程序】→【Microsoft Office】→【Microsoft Office PowerPoint 2010】命令，启动 PowerPoint 2010。

（2）当在桌面已创建好 PowerPoint 2010 快捷方式时，可双击 Microsoft PowerPoint 2010 图标启动 PowerPoint 2010。

（3）双击已有的演示文稿，系统将启动 PowerPoint 2010，同时打开选定的演示文稿。

2. 退出

若想退出 PowerPoint 2010，可以选用以下方法中的一种：

（1）单击 PowerPoint 2010 窗口右上角的【关闭】按钮；

（2）按 Alt＋F4 组合键；

（3）单击【文件】选项卡下的【退出】命令；

（4）双击 PowerPoint 2010 标题栏左上角的控制菜单按钮。

三、新建演示文稿

新建演示文稿可以单击【文件】按钮下的【新建】命令，打开如图 5-1 所示的【新建演示文稿】任务窗格。在该任务窗格中可以选择【空白演示文稿】、【样本模板】、【主题】和【根据现有内容新建】等项目。

图 5-1　新建演示文稿

1. 空白演示文稿

如果想制作一个特殊的、具有与众不同外观的演示文稿，可从一个空白演示文稿开始，自建主题、背景设计、颜色和一些样式特性。创建的演示文稿不包含任何内容，用户可以根据自己的需要输入内容和设置格式。在【新建演示文稿】任务窗格中，双击【空白演示文稿】即可，此时将新建一个【标题幻灯片】版式的幻灯片。

2. 样本模板

用户可以根据 PowerPoint 2010 的样本模板来创建新的演示文稿。用样本模板创建的演示文稿中已经包含了示例文字，用户可以根据自己的需要来编辑内容，样本模板不仅能帮助用户完成演示文稿的相关格式的设置，而且还帮助用户预置了演示文稿的主要内容。

3. 主题

主题是指预先设计了外观、文本图形格式、标题、位置及颜色的待用文档。用户可以选择由 PowerPoint 2010 提供的主题来新建演示文稿，这样创建的演示文稿不包含示例文字。PowerPoint 2010 提供了各种专业的主题，用户可从中选择任意一种，这样所生成的幻灯片都将自动采用该主题的设计方案，从而使演示文稿中的幻灯片风格协调一致。

4. 根据现有内容创建

新建演示文稿，还可以根据现有演示文稿来创建。在【新建演示文稿】任务窗格中选择【根据现有内容创建】，将创建现有演示文稿的副本，并在此基础上进行演示文稿的设计。

四、PowerPoint 2010 窗口的基本组成

PowerPoint 2010 启动成功后，屏幕上出现 PowerPoint 2010 窗口，该窗口主要由标题栏、功能区、大纲/幻灯片窗格、幻灯片窗格、备注区窗格、视图切换按钮、状态栏等元素组成，如图 5-2 所示。

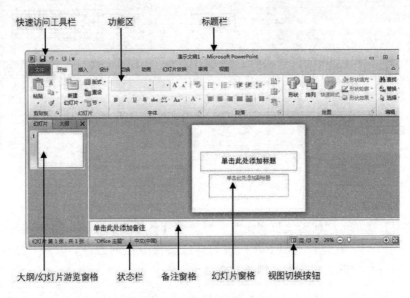

图 5-2　演示文稿窗口组成

五、PowerPoint 2010 演示文稿的视图

视图是用户查看幻灯片的方式，在不同视图下观察幻灯片的效果有所有不同，Power-Point 能够以不同的视图方式来显示演示文稿的内容。PowerPoint 提供了多种可用的显示演示文稿的方式，分别是：普通视图、幻灯片浏览视图、备注页视图、阅读视图和幻灯片放映视图。

1. 普通视图

普通视图是 PowerPoint 文档的默认视图，是主要的编辑视图，可以用于撰写或设计演示文稿。在该视图中，左窗格中包含"大纲"和"幻灯片"两个标签，并在下方显示备注窗格，状态栏显示了当前演示文稿的总页数和当前显示的页数，用户可以使用垂直滚动条上的"上一张幻灯片"和"下一张幻灯片"在幻灯片之间切换。

2. 幻灯片浏览视图

在【视图】选项卡"演示文稿视图"区域单击【幻灯片浏览】按钮或者单击右下角的

【幻灯片浏览】按钮，切换到幻灯片浏览视图，以缩略图的形式显示演示文稿中所有的幻灯片（如图 5-3 所示）。在该视图中，可以调整演示文稿的整体显示效果，也可以对演示文稿中的多个幻灯片进行调整，主要包括幻灯片的背景和配色方案、添加或删除幻灯片、复制幻灯片，以及排列幻灯片，但是在该视图中不能编辑幻灯片中的具体内容。

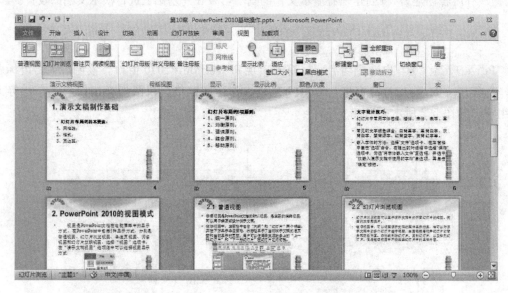

图 5-3　幻灯片浏览视图

3. 备注页视图

在【视图】选项卡"演示文稿视图"区域单击【备注页】按钮，切换到备注页视图模式（如图 5-4 所示）。在这种视图下，一页幻灯片将被分成两部分，其中，上半部分用于展示幻灯片的内容，下半部分则是用于建立备注。

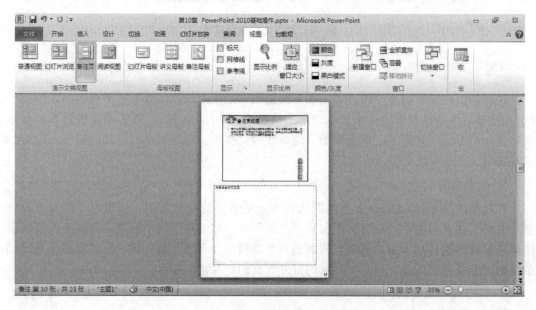

图 5-4　备注页视图

4. 阅读视图

阅读视图可以将演示文稿作为适应窗口大小的幻灯片放映查看，在页面上单击，即可翻到下一页（如图 5-5 所示）。

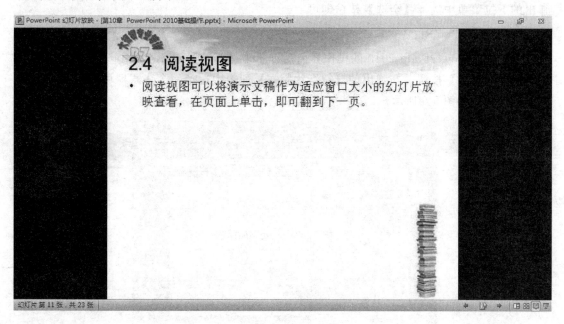

图 5-5 阅读视图

5. 幻灯片放映视图

单击【幻灯片放映】按钮，开始放映演示文稿，此时可以浏览幻灯片的播放效果。

第二节 编辑幻灯片

一、幻灯片的选择和插入

1. 选择幻灯片

（1）选定单张幻灯片：在"普通视图"的"幻灯片"窗格或者在"幻灯片浏览视图"中，单击该幻灯片即可。

（2）选定多张连续的幻灯片：在"普通视图"的"幻灯片"窗格或者在"幻灯片浏览视图"中，先单击选中第一张幻灯片的缩略图，然后按住【Shift】键，再单击最后一张幻灯片的缩略图即可。

（3）选定多张不连续的幻灯片：在"普通视图"的"幻灯片"窗格或者在"幻灯片浏览视图"中，先单击选中第一张幻灯片的缩略图，然后按住【Ctrl】键，分别单击要选定的幻灯片的缩略图即可。

（4）选择所有幻灯片：在"普通视图"的"幻灯片"窗格或者在"幻灯片浏览视图"中，按【Ctrl＋A】组合键，或者在【开始】选项卡"编辑"区域单击【选择】按钮，在弹出的下拉菜单中选择【全选】按钮即可。

2．插入幻灯片

（1）打开 PowerPoint 2010 的操作界面后，单击【开始】选项卡【幻灯片】选项组中的【新建幻灯片】按钮，在弹出的【幻灯片版式】列表中选择一个版式即可插入一个此版式的幻灯片（如图 5-6 所示）。

图 5-6　插入制定版式幻灯片

（2）在左侧的【幻灯片】窗格中，鼠标右键单击，在弹出的快捷菜单中选择【新建幻灯片】菜单项（如图 5-7 所示）。

图 5-7　新建幻灯片

二、幻灯片的复制、移动和删除

1. 复制幻灯片

如果用户当前创建的幻灯片与已存在的幻灯片的风格基本一致，采用复制一张新的幻灯片的方法更方便，只需在其原有基础上做一些必要的修改。

（1）使用"复制"与"粘贴"按钮复制幻灯片：先选择要复制的幻灯片，然后单击【开始】选项卡下的【复制】命令（或者【Ctrl＋C】组合键），移动光标至目标位置，再单击【开始】选项卡下的【粘贴】命令（或者【Ctrl＋V】组合键），幻灯片将复制到光标所在幻灯片的后面。

（2）使用鼠标拖动复制幻灯片：单击窗口右下方的【幻灯片浏览】视图按钮，切换到幻灯片浏览视图。选中想要复制的幻灯片，按住 Ctrl 键不放，然后按住鼠标左键，将幻灯片拖到目标位置，再释放鼠标左键和 Ctrl 键，即可完成幻灯片的复制。

2. 移动幻灯片

移动幻灯片是指将幻灯片从原来的位置移动到另一个位置，也就是调整幻灯片的顺序。

（1）使用"剪切"与"粘贴"按钮复制幻灯片：先选择要复制的幻灯片，然后单击【开始】选项卡下的【剪切】命令（或者【Ctrl＋X】组合键），移动光标至目标位置，再单击【开始】选项卡下的【粘贴】命令（或者【Ctrl＋V】组合键），幻灯片将移动到光标所在位置。

（2）使用鼠标拖动复制幻灯片：单击窗口右下方的【幻灯片浏览】视图按钮，切换到幻灯片浏览视图。选中想要复制的幻灯片，用鼠标左键将幻灯片拖到目标位置。

3. 删除幻灯片

在制作演示文稿中，有些幻灯片编辑错误或不合适时，则需要删除该幻灯片。

（1）选中需要删除的幻灯片，按键盘的【Del】键。

（2）选中需要删除的幻灯片，在选中的幻灯片上右击鼠标，在弹出的快捷菜单中选择【删除幻灯片】命令。

三、制作备注页

演示文稿一般都为大纲性、要点性的内容，可以根据需要针对每张幻灯片添加备注内容，以便帮助记忆一些内容，并且可以将幻灯片和备注内容一同打印出来。

（1）选定需要添加备注内容的幻灯片，在【备注窗格】中添加内容。

（2）在【视图】选项卡"演示文稿视图"区域中单击【备注页】按钮，切换到备注内容编辑状态，在幻灯片的下方出现占位符，单击占位符，然后输入备注内容即可。

四、输入文本

1. 在占位符中输入文本

当选定一个幻灯片之后，占位符中的文本是一些提示性的内容，用户可以用实际所需要的内容去替换占位符中的文本。只需单击占位符，将插入点置于该占位符内。直接输入文本，当输入完毕后，单击幻灯片的空白区域，即可结束文本输入并取消对该占位符的选择，此时占位符的虚线边框将消失。

2. 插入【文本框】输入文本

（1）切换到【插入】选项卡，单击【文本】选项组中的【文本框】按钮，在弹出的下拉列表中选择【横排文本框】或【垂直文本框】选项。

（2）在要添加文本的位置处按住鼠标左键不放并拖动鼠标，则在幻灯片上出现一个具有实线边框的方框，选择合适的大小，释放鼠标左键，则幻灯片上出现一个可编辑的文本框。

（3）在该文本框中会出现一个闪烁的插入点，此时可以输入文本内容。输入完毕后，单击文本框以外的任何位置即可。

3. 文本框的格式设置

选择需要设置格式的文本框，PowerPoint 2010 将在功能区中自动显示【格式】选项卡，在【形状样式】选项组中可使用系统预定义好的文本框样式对文本框进行设置，也可以根据需要自行设计文本框的形状填充、形状轮廓、形状效果，如图 5-8 所示。

图 5-8　文本框的格式设置

五、设置文本格式

1. 更改文本字体、字形及字号

（1）选中要设置的文本或段落。

（2）切换到【开始】选项卡，单击【字体】选项组右下角的对话框弹出按钮，或右击文本，在弹出的快捷菜单选择【字体】命令，打开如图 5-9 所示的【字体】对话框。

（3）在【字体】对话框中选择所需的中文字体、西文字体、字形、字号以及颜色，还可在【效果】选项组中选择所需的效果（例如下划线、阴影等），然后单击【确定】按钮。

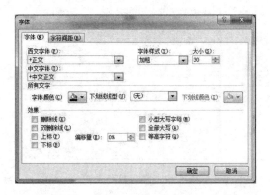

图 5-9　字体设置

2. 设置段落格式

（1）选取要对齐的文本。

（2）切换到【开始】选项卡，单击【段落】选项组右下角的对话框弹出按钮，或右击文本，在弹出的快捷菜单选择【段落】命令，打开如图 5-10 所示的【段落】对话框。

（3）在该对话框中选择需要对齐的方式、缩进方式、行间距以及段前和段后间距，单击【确定】按钮，完成设置。

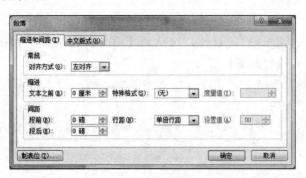

图 5-10　段落设置

3. 添加项目符号或编号

（1）选中要添加项目符号的段落。

（2）右击文本，在弹出的快捷菜单中选择【项目符号】命令，在弹出的级联菜单中选择【项目符号和编号】命令，打开如图 5-11 所示的【项目符号和编号】对话框。

（3）在【项目符号】选项卡中选择所需的项目符号；也可以单击【自定义】按钮或【图片】按钮，选择符号或图片作为项目符号，单击【确定】按钮，即可为段落添加项目符号。

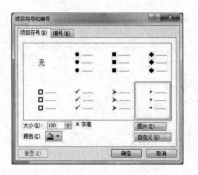

图 5-11　项目符号和编号

六、插入图片与图形

1. 绘制图形

（1）切换到【插入】选项卡，单击【插图】选项组中的【形状】按钮，在弹出的【形状】面板中选择准备绘制的图形。

（2）鼠标指针变为十字形状【＋】时，在准备绘制图形的区域拖动鼠标，调整准备绘制的图形大小和样式，确认无误后释放鼠标左键完成操作。

2. 插入剪贴画

（1）选中要插入剪贴画的幻灯片，切换到【插入】选项卡，单击【图像】选项组中【剪贴画】按钮，打开【剪贴画】窗格。

（2）在【剪贴画】窗格中，在【搜索文字】文本框中输入准备搜索的内容，如输入"船"，单击【搜索】按钮。

（3）在【剪贴画】列表框中单击准备插入的剪贴画，然后在幻灯片中根据需要调整剪贴画的大小和位置。

3. 插入图片

（1）选中要插入图片的幻灯片，切换到【插入】选项卡，单击【图像】选项组中【图片】按钮，打开【插入图片】对话框（如图 5-12 所示）。

图 5-12　插入图片

（2）在【插入图片】对话框中，选择准备插入图片的所在位置，再选择准备插入的图片，确认无误后，单击【插入】按钮，最后在幻灯片中根据需要调整图片的大小和位置即可。

4. 插入艺术字

（1）选中要插入艺术字的幻灯片，切换到【插入】选项卡，单击【文本】选项组中【艺术字】按钮，打开【艺术字】面板（如图 5-13 所示）。

（2）在弹出的【艺术字】面板中选择准备使用的艺术字样式。

（3）插入默认文字内容为【请在此放置您的文字】的艺术字，用户选择使用的输入法，向其中输入内容。文字输入完成后，将艺术字拖动到准备放置的位置，此时在演示文稿中插入艺术字的操作完成。

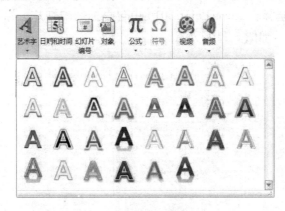

图 5-13　插入艺术字

5. 插入 SmartArt 图形

（1）选中需要插入 SmartArt 图形的幻灯片，切换到【插入】选项卡，单击【插图】选项组中的【SmartArt】按钮，弹出【选择 SmartArt 图形】对话框。

（2）在弹出【选择 SmartArt 图形】对话框，单击所需的类型和布局，单击【确定】按钮，完成 SmartArt 图形的插入。

6. 插入视频

在演示文稿中可以插入影片，让演示文稿更具吸引力。影片主要分为剪辑管理器中的影片和计算机中电影片文件。

选择需要插入视频的幻灯片，切换到【插入】选项卡，在【媒体】选项组中单击【视频】下拉按钮，在弹出的下拉列表中选择【文件中的视频】命令，在弹出的【插入视频文件】窗口中按照路径找到视频文件，单击【插入】按钮。

7. 插入音频

在演示文稿中可以单独插入声音。插入声音同样也分为剪辑管理中的声音和计算机中的声音文件。

（1）选择【插入】选项卡→【媒体】组→【音频】下拉按钮→【文件中的音频】，弹出【插入音频】对话框，选择要插入的音频文件

（2）选择【插入】选项卡→【媒体】组→【音频】下拉按钮→【剪贴画音频】，弹出【剪贴画】任务窗格，选择所需的剪贴画音频。

第三节　幻灯片外观

一、幻灯片版式

幻灯片版式即幻灯片里面元素的排列组合方式。创建新幻灯片时，可以从预先设计好的幻灯片版式中进行选择。PowerPoint 2010 中包含标题幻灯片、标题和内容、节标题等11 种内置幻灯片版式（如图 5-14 所示）。

图 5-14　幻灯片版式

更换幻灯片版式的操作方法如下：

（1）在大纲区中选择设置版式的幻灯片，切换到【开始】选项卡，单击【幻灯片】选项组中的【版式】按钮，在展开的版式库中显示了多种版式，选择相应版式即可。

（2）使用快捷菜单设置版式，即分别选择相应的幻灯片，单击鼠标右键，在弹出的快捷菜单中选择【版式】命令，在展开的版式库中单击相应的版式即可。

二、幻灯片的背景

用户可以为幻灯片设置不同的颜色、图案或者纹理等背景，不仅可以为单张幻灯片设置背景，而且可对母版设置背景，从而快速改变演示文稿中所有幻灯片的背景。

1. 改变幻灯片背景色

改变幻灯片背景色，操作方法如下：

（1）单击【设计】选项卡，选择【背景】组下的【背景样式】命令，出现如图 5-15 所示的【背景样式】选项框。

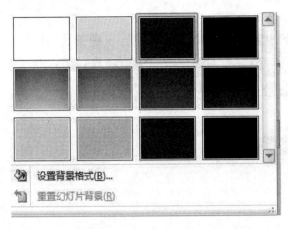

图 5-15　背景样式　　　　　　　　　　　图 5-16　设置背景格式

（2）单击所选的背景样式，将会改变所有幻灯片的背景。如果只想修改所选幻灯片的背景，在选定的背景样式上单击鼠标右键，在弹出的列表中选择【应用于所选幻灯片】。

2. 改变幻灯片的填充效果

改变幻灯片的填充效果，操作方法如下：

（1）若要改变单张幻灯片的背景，可以在普通视图或者幻灯片视图中选择该幻灯片。

（2）单击【设计】选项卡，选择【背景】组下的【背景样式】命令，在【背景样式】选择框中选择【设置背景格式】，出现【设置背景格式】对话框（如图 5-16 所示）。

（3）在填充选项卡中设置相应的填充效果。

（4）在【渐变填充】单选框中，选择填充颜色的过渡效果，可以设置一种颜色的浓淡效果，或者设置从一种颜色逐渐变化到另一种颜色。在【图片或纹理填充】单选框中，可以选择填充纹理。在【图案填充】单选框中，选择填充图案。

（5）若要将更改应用到当前幻灯片，可单击【关闭】按钮，若要将更改应用到所有的幻灯片和幻灯片母版，可单击【全部应用】按钮，单击【重置背景】按钮可撤销背景设置。

三、主题

主题是一组设计设置，其中包含颜色设置、字体选择和对象效果设置，它们都可用来创建统一的外观。应用主题之后，添加的每张新幻灯片都会拥有相同的自定义外观。用户可以修改任意主题以适应需要，或在已创建的演示文稿基础上建立新主题。

1. 选择主题

打开要应用或重新应用主题的演示文稿，切换到【设计】选项卡，单击【主题】选项组现有主题右边滚动条上的向下箭头【其他】按钮，在展开的主题库中选择需要的主题（如图 5-17 所示）。这时可以看到演示文稿中的幻灯片已经应用了所选择的主题效果，该主题已设定了字体、字号、背景等格式。

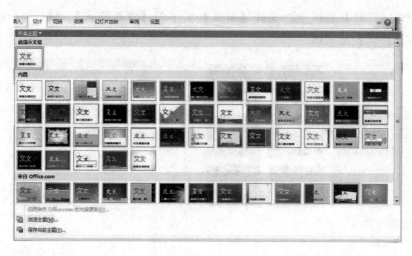

图 5-17　内置主题

2. 应用主题颜色

切换到【设计】选项卡，单击【主题】选项组中的【颜色】按钮（如图 5-18 所示），在展开的下拉列表中选择需要的主题颜色。

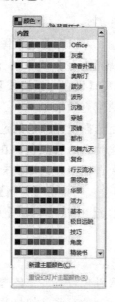

图 5-18　主题颜色

如果对现有的配色方案不满意，则在【颜色】面板中单击【新建主题颜色】命令，在弹出的对话框，在其中进行设置，直到满意为止。

3. 应用主题字体

切换到【设计】选项卡，单击【主题】选项组中的【字体】按钮，在展开的下拉列表中选择需要的字体。同理，如果对现有的字体方案不满意，则在【字体】面板中单击【新建主题字体】命令，弹出【新建主题字体】对话框，在其中进行设置，直到满意为止。

4. 设置主题效果

切换到【设计】选项卡，单击【主题】选项组中的【效果】按钮，在展开的下拉列表中选择需要的效果（如图 5-19 所示）。

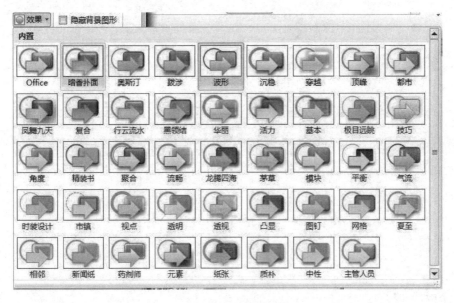

图 5-19　主题效果

四、添加页眉和页脚

在制作幻灯片时，经常需要在页眉和页脚区添加日期时间、页码等内容，方法如下：

在【插入】选项卡中的【文本】组中，点击【页眉和页脚】按钮，在打开的【页眉和页脚】对话框中可以设置日期和时间、幻灯片编号和页脚等。如果需要调整页脚的位置和格式，需要在母版中设置。

五、母版

幻灯片母版控制幻灯片上所键入的标题和文本的格式与类型。PowerPoint 2010 中的母版有幻灯片母版、备注母版和讲义母版。幻灯片母版包含文本占位符和页脚（如日期、时间和幻灯片编号）占位符。

单击【视图】选项卡下的【幻灯片母版】命令，打开【幻灯片母版】视图，如图 5-20 所示。如果要修改多张幻灯片的外观，不必一张张幻灯片进行修改，而只需在幻灯片母版上做一次修改即可。PowerPoint 2010 将自动更新已有的幻灯片，并对以后新添加的幻灯片应用这些更改。如果要更改文本格式，可选择占位符中的文本并做更改。例如，将占位符文本的颜色改为蓝色将使已有幻灯片和新添幻灯片的文本自动变为蓝色。

母版还包含背景项目，例如放在每张幻灯片上的图形。如果要使个别幻灯片的外观与母版不同，应直接修改该幻灯片而不用修改母版。

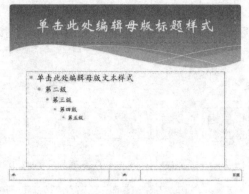

图 5-20　幻灯片母版视图

第四节　为幻灯片添加效果

一、幻灯片动画

幻灯片放映时，可以对这些对象如幻灯片标题、幻灯片字体、文本对象、图形对象、多媒体对象等增加动画，赋予它们进入、退出、大小或颜色变化甚至移动等视觉效果。但是需要注意的是，在使用动画的时候，要遵循动画的醒目、自然、适当、简化及创意原则。

1. 应用自定义动画效果的操作步骤

（1）在普通视图中，选择要设置动画效果的幻灯片。

（2）选择【动画】选项卡，出现如图 5-21 所示的【动画】效果任务窗格。

图 5-21　动画效果窗格

（3）选中要设置动画效果的文本或者对象，如果要设置的动画效果出现在当前任务窗格中，则选中它。如果没有出现，可单击动画窗格右侧的下拉列表，弹出如图 5-22 所示的【动画效果】任务窗格。从中选择某类动画效果，包括：进入效果、强调效果、退出效果和动作路径，从某类动画效果中选择某个动画效果（比如飞入的进入效果）。

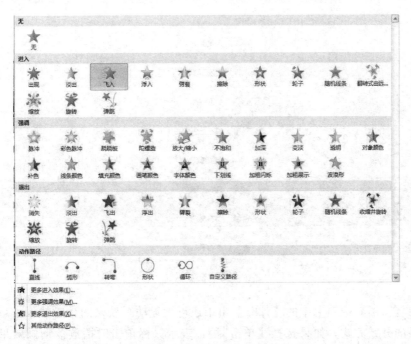

图 5-22　可选动画效果

（4）如果弹出的菜单中没有要设置的动画效果，单击【更多其他效果】（比如彩色延伸的强调效果），出现如图 5-23 所示的【更改强调效果】对话框，选择【彩色延伸】强调效果。

图 5-23　更多动画效果

（5）还可对设置好的动画效果更改效果选项，可单击【动画效果】任务窗格右侧的【效果选项】，打开如图 5-24 所示的【效果选项】库，选择相应的效果选项。

图 5-24　效果选项

（6）在【动画】选项卡中的【计时】组中还可设置动画效果的计时效果。可以选择一种动画效果的开始方式，如果选择【单击时】，表示鼠标单击时播放该动画效果；如果选择【与上一动画同时】，表示该动画效果和前一个动画效果同时播放；如果选择【上一动画之后】，表示该动画效果在前一个动画效果之后自动播放。在【持续时间】框中，可以设置动画的播放持续时间。在【延时】框中可设置出现该动画之前的等待时间。

（7）通过以上设置在【动画窗格】中的动画效果列表中会按次序列出设置的动画效果列表，同时在幻灯片窗格中的相应对象上会显示出动画效果标记。【动画窗格】的显示可通过【高级动画】组中的【动画窗格】按钮来完成。在【动画窗格】中可以设置动画的播放顺序，以便于按顺序显示幻灯片内容。

图 5-25　动画窗格

（8）如要修改动画效果，可单击【动画效果】库中的其他动画效果。

（9）如要在已设置动画效果的对象上再添加一个动画效果。例如，希望某一对象同时具有【进入】和【退出】效果，或者希望项目符号列表以一种方式进入，然后以另一种方式强调每一要点，可单击【动画】选项卡下的【添加动画】按钮。

2. 设置自定义动画效果

如果要对设置的动画效果进行更多的设置，可以按以下步骤进行设置。

（1）在【动画窗格】列表中，选择要设置的动画效果。

（2）单击列表右边的下拉按钮，在弹出的菜单中选择【效果选项】，打开如图 5-26 所示的相应效果选项对话框。

（3）在【效果】选项卡中可以设置动画播放方向、动画增强效果等。

（4）单击【计时】选项卡，打开如图 5-27 所示的【计时】对话框，可以设置动画播放开始时间、速度和触发动作。

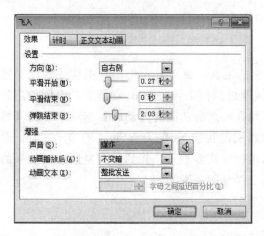

图 5-26　自定义动画效果——效果选项

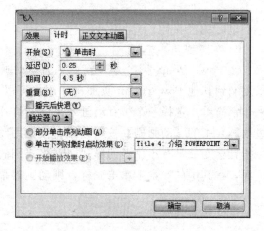

图 5-27　自定义动画效果——计时选项

3. 动作路径

除了预设的动画效果外，用户还可以为对象创建动作路径，使用这些效果可以使对象上下移动、左右移动或者沿着某种图案形状移动。添加自定义动画的方法如下。

（1）选择要设定的对象，单击【动画】选项卡【高级动画】选项组中的【添加动画】按钮，在弹出的下拉列表中选择需要使用的路径。

（2）或者选择【其他动作路径】选项，在弹出的【添加动作路径】对话框中选择需要的动作路径，选择后单击【确定】按钮，即可完成设置（如图 5-28 所示）。

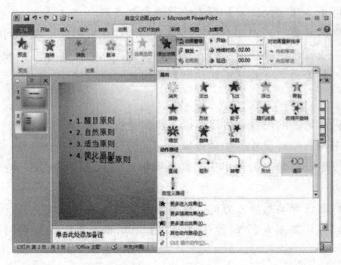

图 5-28　动作路径

4. 复制动画效果

在 PowerPoint 2010 中，新增了名为动画刷的工具，该工具允许用户把现成的动画效果复制到其他 PowerPoint 页面中，用户可以快速地制作 PowerPoint 动画。动画刷使用起来非常简单，选择一个带有动画效果的幻灯片元素，点击功能区【动画】选项卡下的【高级动画】中的【动画刷】按钮，或直接使用动画刷的快捷键【Alt＋Shift＋C】，这时，鼠标指针会变成带有小刷子的样式，与格式刷的指针样式差不多。找到需要复制动画效果的页面，在其中的元素上单击鼠标，则动画效果已经复制下来了。

二、幻灯片切换

切换效果就是指在幻灯片放映过程中，当一张幻灯片转到下一张幻灯片上时所出现的特殊效果。为幻灯片添加切换效果，最好在幻灯片浏览视图中进行，它可以为选择的一组幻灯片增加同一种切换效果。

1. 添加幻灯片切换效果

在幻灯片浏览视图中，选择一个或多个要添加切换效果的幻灯片。选中准备设置幻灯片切换效果的幻灯片，选择【切换】选项卡，单击【切换到此幻灯片】选项组中的【切换方案】按钮，在弹出的切换效果库中选择准备添加的切换方案（如图 5-29 所示）。

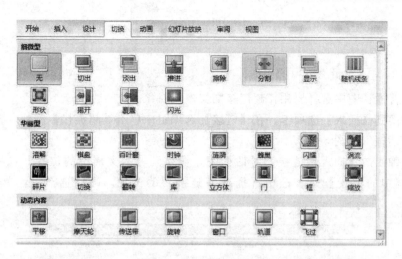

图 5-29　幻灯片切换效果

2. 设置幻灯片切换声音效果

选中准备设置幻灯片切换声音的幻灯片，选择【切换】选项卡，单击【计时】选项组中的【声音】下拉按钮，在弹出的声音效果列表中选择准备添加的声音效果，如选择【风铃】效果。播放演示文稿，在切换到所设置的页面时，即可听到刚刚设置的幻灯片切换声音效果。

3. 设置幻灯片切换速度

选中准备设置幻灯片切换速度的幻灯片，选择【切换】选项卡，在【计时】选项组中，调整【持续时间】微调框中的数值（如图 5-30 所示），在播放演示文稿切换到所设置的页面时，可以看到刚刚设置的幻灯片的切换速度已改变。

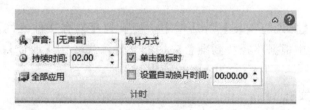

图 5-30　切换选项

4. 设置幻灯片之间的换片方式

选中准备设置幻灯片换片方式的幻灯片，选择【切换】选项卡，在【计时】选项组中选中【设置自动换片时间】复选框，在【设置自动换片时间】微调框中，将数值设置为准备应用的时间，在播放演示文稿切换到所设置的页面时，可以看到在不点击鼠标的情况下幻灯片会按照设置的自动时间自动切换。

5. 删除幻灯片的切换效果

选中准备删除切换效果的幻灯片，选择【切换】选项卡，单击【切换到此幻灯片】选项组中的【其他】按钮，在展开的切换效果样式库中选择样式【无】。

三、超链接

1. 链接到同一演示文稿中的幻灯片

（1）在普通视图中选择要用作超链接的文本或对象。

（2）切换到【插入】选项卡，在【链接】选项组中单击【超链接】按钮，弹出【插入超链接】对话框（如图 5-31 所示）。

（3）在弹出的【插入超链接】对话框中，切换到【本文档中的位置】选项界面，在【请选择文档中的位置】列表框中选择准备链接到的位置，确认选择后，单击【确定】按钮。

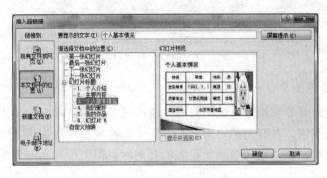

图 5-31　超链接——本文档中的位置

2. 链接到文件或网页

（1）在普通视图中选择要用作超链接的文本或对象。

（2）切换到【插入】选项卡，在【链接】选项组中单击【超链接】按钮，弹出【插入超链接】对话框。

（3）在弹出的【插入超链接】对话框中，切换到【现有文件或网页】选项界面，在【查找范围】选项组中根据路径找到准备应用的文件，或者在【地址】文本框中直接输入网页的网址。

3. 链接到新建文档

（1）在普通视图中选择要用作超链接的文本或对象。

（2）切换到【插入】选项卡，在【链接】选项组中单击【超链接】按钮，弹出【插入超链接】对话框。

（3）在弹出的【插入超链接】对话框中，切换到【新建文档】选项界面，在【新建文档名称】文本框中输入准备使用的名称，在【何时编辑】选项组中选择【开始编辑新文档】单选按钮，单击【确定】按钮。

4. 删除超链接

选中准备删除的超链接对象，右击鼠标，在弹出的快捷菜单中，选择【取消超链接】命令，可以看到当前页面中的文字已经不再以超链接的样式显示。通过以上步骤即可完成在演示文稿中删除超链接的操作。

5. 动作按钮

（1）选中准备插入动作按钮的幻灯片，切换到【插入】选项卡，在【插图】选项组中单击【形状】按钮，在弹出的形状库中选择动作按钮组中准备应用的动作按钮，如选择【动作按钮：前进或下一项】选项。

（2）当鼠标指针变为"十"字形状时，将光标定位在幻灯片的合适位置，按住鼠标左键，绘制动作按钮图标，松开鼠标左键的同时弹出【动作设置】对话框（如图 5-32 所示）。

（3）在弹出【动作设置】对话框中点击【单击鼠标】选项卡，选择【超链接到】单选按钮，在【超链接到】下拉列表框中根据需要选择相应的选项，如插入【动作按钮：前进或下一项】，则选择【下一张幻灯片】选项，单击【确定】按钮，当幻灯片放映时，单击此按钮可实现超链接。

图 5-32　动作按钮

第五节　幻灯片放映

无论是对外演讲，还是毕业答辩，作为一名演示文稿的制作者，在公共场合演示时需要掌握好演示的时间，为此需要测定幻灯片放映时的停留时间。用户可以根据实际需要，设置幻灯片的放映方法，如普通手动放映、自动放映、自定义放映和排列计时放映等。

一、自定义放映

把一套演示文稿，针对不同的听众，将不同的幻灯片组合起来，形成一套新的幻灯片，并加以命名。然后根据各种需要，选择其中的自定义放映名进行放映，这就是自定义放映的含义。创建自定义放映的操作步骤如下。

（1）在演示文稿窗口，选择【幻灯片放映】选项卡，单击【自定义幻灯片放映】命令，弹出【自定义放映】对话框（如图 5-33 所示）。

（2）然后单击【新建】按钮，弹出【定义自定义放映】对话框，在对话框的左边列出了演示文稿中的所有幻灯片的标题或序号（如图 5-34 所示）。

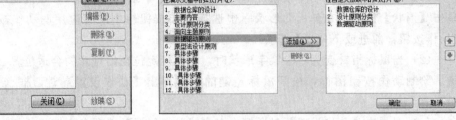

图 5-33　自定义放映　　　　　　　　图 5-34　定义自定义放映

（3）从中选择要添加到自定义放映的幻灯片后，单击【添加】按钮，这时选定的幻灯片就出现在右边框中。当右边框中出现多个幻灯片标题时，可通过右侧的上、下箭头调整顺序。

（4）如果右边框中有选错的幻灯片，选中幻灯片后，单击【删除】按钮就可以从自定义放映幻灯片中删除，但它仍然在演示文稿中。幻灯片选取并调整完毕后，在【幻灯片放映名称】框中输入名称，单击【确定】按钮，回到【自定义放映】对话框，如果要预览自定义放映，单击【放映】按钮。

（5）如果要添加或删除自定义放映中的幻灯片，单击【编辑】按钮，重新进入【设置自定义放映】对话框，利用【添加】或【删除】按钮进行调整。如果要删除整个自定义的幻灯片放映，可以在【自定义放映】对话框中选择其中要删除的自定义名称，然后单击【删除】按钮，则自定义放映被删除，但原来的演示文稿仍存在。

二、观看放映

在完成所有的设置之后，就该放映幻灯片了，根据幻灯片的用途和观众的需求，可以有多种放映方式。

1. 放映演示文稿

如果直接在 PowerPoint 2010 中放映演示文稿，主要有以下 3 种启动放映方法。

（1）单击 PowerPoint 2010 状态栏右侧的【幻灯片放映】按钮，可以从当前幻灯片开始放映。

（2）在【幻灯片放映】选项卡的【开始放映幻灯片】组中根据放映需要点击【从头开始】或者【从当前幻灯片开始】按钮。

（3）使用快捷键【F5】从头开始播放，使用快捷键【Shift＋F5】从当前幻灯片开始放映。

2. 控制幻灯片的前进

在放映幻灯片时有以下几种方法控制幻灯片的前进：

（1）单击鼠标左键；

（2）按键盘上的向下方向键、按【Enter】键、空格键、【Page Down】键；

（3）右击鼠标，在弹出的快捷菜单中选择"下一张"命令。

3. 控制幻灯片的后退

在放映幻灯片时有以下几种方法控制幻灯片的后退：

（1）按【Backspace】键；

（2）按键盘上的向上方向键；

（3）右击鼠标，从弹出的快捷菜单中选择"上一张"命令。

4. 幻灯片的退出

在放映幻灯片时有以下几种方法退出幻灯片的放映：

（1）按【ESC】键；

（2）鼠标右击，在弹出的快捷菜单中选择【结束放映】。

5. 隐藏幻灯片

在幻灯片放映前，如果部分幻灯片不想放映出来，可以隐藏这几张幻灯片，方法如下：

（1）选择要隐藏的幻灯片。

（2）切换到【幻灯片放映】选项卡，单击【设置】选项组中的【隐藏幻灯片】按钮，则在幻灯片的编号上出现了【划去】的符号，表示这一张幻灯片已被隐藏了，在放映幻灯片时则看不到该幻灯片了。

（3）如果要显示隐藏的幻灯片。单击需要去掉隐藏的幻灯片，切换到【幻灯片放映】选项卡，单击【设置】选项组中的【隐藏幻灯片】按钮，这样在放映幻灯片时就可以看到刚刚被隐藏的幻灯片。

6. 添加墨迹注释

（1）播放演示文稿，在幻灯片放映页面单击鼠标右键，在弹出的快捷菜单中选择【指针选项】命令，在弹出的子菜单中选择准备使用的墨迹注释的笔形，如选择【笔】命令。

（2）在幻灯片页面拖动鼠标指针绘制准备使用的标注或文字说明等内容，可以看到幻灯片页面上已经被添加了墨迹注释。

（3）演示文稿标记完成后，可继续放映幻灯片，结束放映时会弹出"Microsoft PowerPoint"对话框，询问用户是否保留墨迹注释，如果准备保留墨迹注释可以单击【保留】按钮，否则单击【放弃】按钮。

7. 页面设置

点击【设计】选项卡中【页面设置】组的【页面设置】按钮，弹出【页面设置】对话框（如图 5-35 所示）。

在对话框中，用户可以设置幻灯片宽度和高度、起始编号、方向、幻灯片大小。其中最重要的是【幻灯片大小】，因为现在的演示文稿在播放时，播放设备的显示比例主要有两种：16：9 和 4：3，如果使用了不合适的幻灯片大小比例，在播放时屏幕无法完全利用。

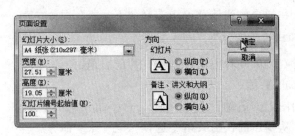

图 5-35　页面设置

三、排练计时和录制幻灯片演示

1. 排练计时

（1）打开演示文稿，切换到【幻灯片放映】选项卡，在【设置】选项组中，单击【排练计时】按钮。

（2）进入幻灯片放映视图，弹出【录制】对话框，如图 5-36 所示，在【幻灯片放映】时间文本框中显示时间，当前幻灯片放映时间完成后，单击【下一项】按钮，放映下一张幻灯片。

（3）依次为每一张幻灯片设定放映时间，所有幻灯片的放映时间都录制完成后，单击【关闭】按钮，在弹出的 Microsoft PowerPoint 对话框，提示是否保留新的幻灯片排练时间，单击【是】按钮，保留排练时间（如图 5-37 所示）。

图 5-36　排练计时—录制

图 5-37　排练计时—确认

（4）自动进入【幻灯片浏览】视图，在每张幻灯片的下方都显示该幻灯片的放映时间，这样即可为幻灯片设置排练计时。

（5）切换到【幻灯片放映】选项卡，在【设置】选项组中选择【使用排练计时】复选框，可以在放映幻灯片时使用用户自己录制的时间。

2. 录制幻灯片演示

PowerPoint 2010 的录制幻灯片演示是一项新功能，该功能可以记录 PowerPoint 幻灯片的放映时间，同时，允许用户使用鼠标或激光笔或麦克风为幻灯片加上注释。也就是制作者对 PowerPoint 2010 的一切相关的注释都可以使用录制幻灯片演示功能记录下来，从而使得 PowerPoint 2010 的幻灯片的互动性能大大提高。而其最实用的地方在于，录好的幻灯片可以脱离讲演者来放映。

在 PowerPoint 2010 幻灯片放映功能区找到录制幻灯片演示功能，单击之后出现【录制幻灯片演示】对话框，如图 5-38 所示，默认是勾选【幻灯片和动画计时】与【旁白和激光笔】的，此处需要用户根据实际需要去选择。

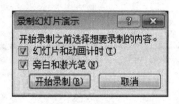

图 5-38　录制幻灯片演示

　　点击开始录制按钮，开始放映 PowerPoint 幻灯片，幻灯片录制同时开始。结束幻灯片放映时，录制结束并将录制内容自动保存在演示文稿中。当放映演示文稿时，所录制的幻灯片和动画计时及旁白和激光笔都会播放出来。如果要清除录制的计时和旁白可选择【录制幻灯片演示】下的清除命令来完成。

第六章 计算机网络

在网络高速发达的社会，我们每天可以在网络上浏览国内外的时政大事，了解身边发生的事件，还可以通过网络发送电子邮件、视频聊天、观看现场直播、娱乐等。网络改变了我们的生活与学习方式，计算机网络无时无刻不在我们身边发挥着重要的作用。

第一节 计算机网络的发展与含义

要想了解计算机网络，需要了解计算机网络的发展与含义。因特网到底从何而起？为什么要建立互联网？互联网又是在哪里诞生的呢？本章节将会带你寻找答案。

一、计算机网络的发展

计算机网络在经历了 60 多年的发展后，已经覆盖了工作与生活的各个方面，无论是宽带上网办公，还是 Wifi 无线上网视频，生活中我们无时无刻不在使用计算机网络，由此可见，计算机网络应用十分普遍。归纳起来，计算机网络的发展包括以下四个阶段：

1. 面向终端的计算机通信网时期

计算机技术与通信技术的结合可以追溯到 20 世纪 50 年代初。为了增加预警时间，美国空军采用钻井平台的技术在大西洋建立了预警雷达，图 6-1 所示为美国当时建设的"德克萨斯塔"。

美国在本土北部和加拿大镜内建立的赛琪系统是美国空军的一个半自动地面防空系统。每个赛琪指挥中心如图 6-2 所示，都装有一个当时最大的计算机 FSQ-7，不包括辅助设备的 FSQ-7 占据了整个楼层，大约 22 000 ht^3（$1ht^2 = 0.09290304m^2$）。雷达站以及来自各个防御站点的信息通过网络被传送到指挥中心的计算机。计算机根据原始雷达数据为报告的目标建立"轨道"，并自动计算目标是否在防御设施的射程之内。操作员使用光枪在屏幕上选择目标以获取进一步信息，选择部分可用的防御设施，并发出攻击命令，然后这些命令将通过电传打印机自动发送到防御站点。

图 6-1　美国在大西洋建设的德克萨斯塔雷达系统

（图片来源：百度百科图片。）

图 6-2　赛琪作战指挥中心

（图片来源：百度百科图片。）

　　连接各个站点是一个巨大的电话、调制解调器和远程打印机网络。系统后来的附加功能允许赛琪系统的跟踪数据直接发送到 CIM－10 导弹和一些在飞行中的美国空军拦截机，直接更新他们的自动驾驶仪以维持拦截过程，整个过程不需要操作员的干预。

　　直到 20 世纪 80 年代，尽管 FSQ-7 的维护成本越来越高，且已完全过时，但赛琪系统一直是诺盾防空系统的支柱。图 6-3 所示为在博物馆中展出的 FSQ-7。

图 6-3　赛琪采用的当时最大的计算机 AAN/FQ-7

这种以单个计算机为核心的联机系统被称之为面向终端的远程联机系统，自此计算机进入面向终端的计算机通信网时期。

2. 通信互联的计算机网络时期

这一时期的计算机网络的特点是由多个自主功能的主机通过通信线路相互连接而成。负责通信的子网包括主机、终端、终端控制器、网络打印机等硬件，也包括操作系统、下载软件等软件，并统一负责整个网络的数据处理和网络资源的服务。

20 世纪 60 年代，正值美苏冷战时期，这一时期，计算机网络的特点是由多个自主功能的主机通过通信线路相互连接而成。负责通信的子网包括主机、终端、终端控制器、网络打印机等硬件，也包括操作系统、下载软件等软件，并统一负责整个网络的数据处理和网络资源的服务。

在经历了古巴导弹危机后，美国意识到必须考虑在遭受核弹攻击后如何进行军事通信的问题。阿帕网（ARPAnet，Advanced Research Projects Agency）就是在这样的背景下立项的。最初，阿帕网主要用于解决大面积设施出现故障时如何保障军事通信的问题，它有五大特点：

（1）支持资源共享。

（2）采用分布式控制技术。

（3）采用分组交换技术。

（4）使用通信控制处理机。

（5）采用分层的网络通信协议。

1969 年 10 月 29 日，一名加州大学洛杉矶分校（UCLA）网络测量中心的研究生查理·克令（Charley Kline）通过阿帕网发送了第一个电脑到电脑之间的信息，另一端的电脑位于朝北 500km 外的斯坦福研究所（SRI）。克令在机器崩溃前输入并发送了 "login"

的前两个字母"lo"。就是在经历了这个糟糕的开端后，阿帕网逐步建立，并最终形成了互联网。阿帕网日志记录了第一次电脑之间的互联，见图6-4。

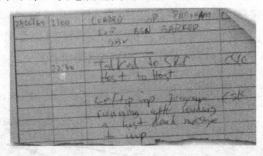

图6-4 阿帕网日志（29OCT69 代表 1969 年 10 月 29 日）

Alex McKenzie 绘制的 4 节点阿帕网原稿至今仍然保存在博物馆里，如图 6-5 所示。可以看出，除加州大学洛杉矶分校和斯坦福研究所外，阿帕网还有两个节点，分别是加州大学圣巴巴拉分校（UCSB）和犹他大学（UTAH）。

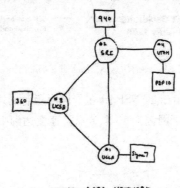

图 6-5 Alex McKenzie 绘制的 4 节点阿帕网手稿

（图片来源：百度百科图片。）

3. 遵循国际标准化协议的计算机网络时期

20 世纪 70 年代末，计算机网络进入遵循国际标准化协议的计算机网络时期。1982年，互联网协议组（TCP/IP）被标准化，并允许互联网络在全球范围内扩散。1984 年，国际标准化组织（ISO）正式颁布了国际标准 ISO 7498，即开放系统互联基本参考模型。遵循国际化标准协议的计算机网络具有统一的网络体系结构，生产厂家只需按照共同的国际标准开发产品，便可保证不同的生产厂家在同一个网络中相互通信。

美国国家科学基金在阿帕网的包交换技术基础上建立了专门用于科研和教育的网络——美国国家科学基金网（NSFNet）。NSFNet 在 1986 年开始使用 TCP/IP 组建包含六个骨干站点 56kbit/s（DDS）网络，见图 6-6，并于 1988 年建成。这六个节点分别是：伊利诺伊大学超级计算应用中心（U. of Illinois）、康奈尔国家超级计算机研究室（Cornell）、冯·诺依曼国家超级计算机中心（JVNC）、加州大学的圣地亚哥超级计算机中心（San Diego S. C.）、美国国立大气研究中心（NCAR）和匹兹堡超级计算机中心（U. of Pitt.）。这个网络使用具有路由和管理软件的 PDP－11/73 微型计算机，称为 Fuzzballs，由于它们已经实现了 TCP/IP 标准，因此被用作网络路由器。

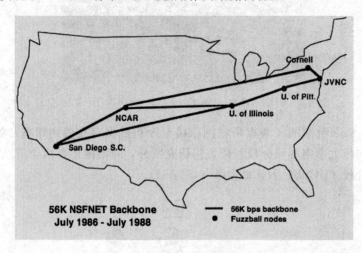

图 6-6　56Kb/s NSFnet 骨干网，1986

随着区域网络的增长，56kbit/s 的 NSFnet 主干网经历了网络流量的快速增加并变得严重拥塞。1988 年 7 月，建成的 T1 骨干网包括 13 个节点，速度达到 1.5Mbit/s，如图 6-7 所示。

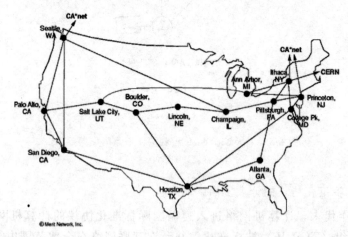

图 6-7　T1 NSFNet 骨干网，1988

（图片来源：百度百科图片。）

4. 向智能化方向发展的计算机网络

20 世纪 80 年代计算机开始进入全新的一个发展时期。这一时期的特点是以 Internet 为代表的互联网开始有所发展，数字化大容量光纤通信网络使得政府机构、企业、大学和家庭计算机相互通信。

1984 年，美国提出智能网的概念，并将其用于提高通信网络开发业务的能力。智能网是一种业务网，使得人类进入一个快速、灵活、经济、有效的智能化发展时期。在 1991 年，主干网被升级到 45 Mbit/s（T3）传输速度，并扩展到 16 个网络节点。升级后的骨干路由器是基于运行 UNIX 的 IBM RS/6000 工作站。核心节点位于连接区域网络和超级计算中心的端节点的 MCI 设施。从 T1 到 T3 的过渡没有从 56kbit/s DDS 到 T1 的过渡那么顺利，花费的时间比计划的时间长，图 6-8 所示为 1991 年建成的 45Mb/s ANS T3 骨干网。

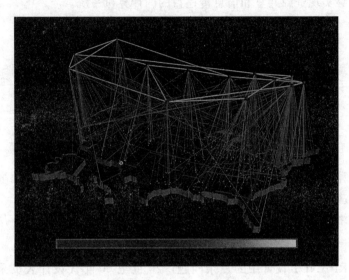

图 6-8　1991 年建成的 45Mb/s ANS T3 骨干网

1990 年阿帕网停止使用，1995 年美国国家科学基金网停止使用，被因特网取代。

1990 年圣诞节，Berners-Lee 已经建立了工作 Web 所需的所有工具：超文本传输协议（HTTP）0.9、超文本标记语言（HTML）、第一种 Web 浏览器（它也是 HTML 编辑器，可以访问 Usenet 新闻组和 FTP 文件）、第一种 HTTP 服务器软件。WORD（后来称为 CERN HTTPD），第一个 Web 服务器和 Web 页面。自 1995 年以来，互联网已经极大地影响了文化和商业，包括通过电子邮件、即时消息、电话（通过互联网协议或 VoIP 的语音）、双向交互视频呼叫和万维网（World Wide Web）及其论坛、博客、社会等近乎即时通信的兴起。经过这些年的发展，如今因特网已成为一个覆盖全球的国际性网络。

1994 年 5 月中国科学院高能物理研究所，通过卫星线路连接到美国的因特网主干网上，这标志着因特网延伸到了中国。1995 年底中国教育与科研网建成并运行，1996 年 1 月中国公用计算机互联网正式开通。1997 年中国公用计算机互联网实现了与中国金桥信息网、中国教育和科研网、中国科技网三个互联网络的互联互通，标志着中国互联网的真正实现。据中国互联网信息中心统计，截止到 2018 年 6 月，我国的网民数量达到 8.02 亿，其中手机网民达到 7.88 亿，占比高达 98.3％。以"双十一"为代表的网络购物、共享单车、网约车、短视频等相关应用在快速增长，超级计算机、虚拟现实、人工智能、区块链、大数据和工业互联网等信息技术正引领着互联网朝着智能化、精细化的方向发展。

二、计算机网络的定义

早期有人认为利用通信介质将分散的计算机、终端及其附属设备连接起来，实现相互通信就组成了计算机网络。

现在比较认可的计算机网络定义是指将地理位置不同的具有独立功能的多台计算机及其外部设备，通过通信线路连接起来，在网络操作系统网络管理软件及网络通信协议的管理和协调下，能够实现资源共享和信息传递目的的计算机系统。

第二节　网络体系结构和拓扑结构

一、网络体系结构

为了简化计算机网络的研究、设计和分析工作，发挥网络中的不同计算机系统、不同通信系统和不同应用的作用，提出了网络体系结构的概念。

为了理解网络体系结构的含义，需要用户对层、协议、服务等概念有所了解。

1. 层

为了解决 ARPANET 设计中的复杂问题，20 世纪 60 年代设计人员采用了分层的思想，将一个复杂的问题分成若干层小问题后，再分别解决，提高解决问题的灵活性和效率。分层是指将一个复杂的系统设计问题分成多个层次分明、目的明确的小问题，然后分而治之，使得复杂的问题简单化，提出每一个层次所需要完成的任务。

2. 进程与实体

一台计算机中能够同时运行多个程序，而运行着的程序称为进程。

例如浏览器、聊天窗口的进程，用户直接使用的这些进程，一般位于应用层，所以叫作应用进程。

网络通信的实际参与者并不是某台计算机，而是这台计算机中运行着的某个应用进程。

计算机 PC1 打开两个应用程序，分别是进程 A 和进程 B，进程 A 正在和计算机 PC2 中的进程 A 发送数据，进程 B 正在与计算机 PC3 的进程 B 聊天，如图 6-9 所示，可以记作：

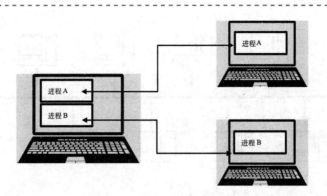

图 6-9 两个进程之间的通信

（1）实体是指任何可以发送或接收信息的硬件/软件进程，如常见的通信工具。

（2）对等实体是指分别位于不同系统对等层中的两个实体。

3. 接口

接口是指相邻两层之间交互的界面，定义相邻两层之间的操作及下层对上层的服务。

4. 服务

在同一网络体系结构中，上一层利用下层提供的服务完成自己的功能之后，再变成服务提供者，为更上一层提供服务，这样层层之间紧密联系，完成网络中的所有功能。

5. 协议

在计算机网络中，信息的传送与接收过程需要遵循一定的规则与标准，而这些规则与标准即为计算机网络中的协议。

网络协议是指在主机与主机之间、主机与通信子网或通信节点之间，任何通信双方必须遵守的约定规则与标准。网络协议一般由语义、语法和同步组成。

网络体系结构是指层、协议和服务的统一集合。为了解决各自不同计算机相互通信的问题，将所需解决的问题进行合理分层，并规定好每一层所需要执行的任务以及上下两层之间所使用的服务。

二、拓扑结构

拓扑结构一般用来研究计算机网络的通信线路在其布线上不同的结构形式，使得复杂的问题简单易懂。下面介绍几种常见的拓扑结构形式。

1. 总线型拓扑结构

总线型拓扑结构采用广播方式进行通信，所有的节点都处在一条总线上，可以接收和共享同一信息，如图 6-10 所示。

总线型拓扑结构安装简单，采用的线缆成本较低，由于所有节点在同一个总线上，在信息传递过程中，使得负荷效率降低，但如果某一接头发生故障时，将会影响整个网络，因此，总线型拓扑结构一般应用在局域网中。

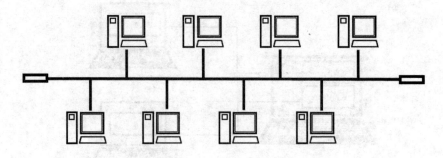

图 6-10   总线拓扑结构

2. 环形拓扑结构

环形拓扑结构中，各个节点没有主次之分，共同组成一个封闭的环状。在此拓扑结构中，信息沿着各个节点进行传送，最终回到始发点，任何一个节点发出的信息，其他节点都能够收到，如图 6-11 所示。

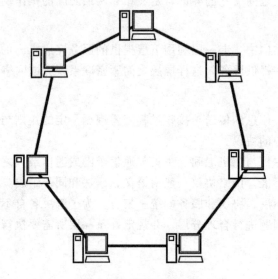

图 6-11   环形拓扑结构

环形拓扑结构简单，传输率高，但可靠性较差，一般应用在大型、高速局域网的主干网中。

3. 星形拓扑结构

星形拓扑结构中每个节点都有一个中心节点和链路相连接，所有节点之间的通信都必须经过中心节点，由中心节点控制整个通信过程，如图 6-12 所示。

星型拓扑结构采用集中控制的方式，便于管理与服务，由于中心节点需要集线器或交换机等网络设备，成本较高。如果其中一个节点发生故障时，不会影响其他节点的工作。但若该拓扑结构的中心节点发生故障，则将影响整个网络的正常运行，星形拓扑结构一般在小型局域网应用较多。

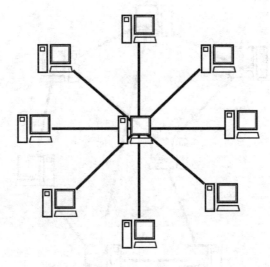

图 6-12　星形拓扑结构

4. 树形拓扑结构

树形拓扑结构是一种类似倒立树形的结构，具有一个根节点和若干个分节点，如图6-13 所示。

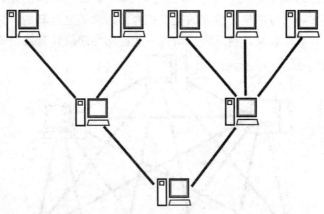

图 6-13　树形拓扑结构

该拓扑结构可以灵活增加或者减少分节点，便于进行网络的扩展，但是当根节点发生故障时，将会影响整个网络的正常运行。树形拓扑结构一般应用在中大型局域网中。

5. 网状型拓扑结构

在网状拓扑结构中，节点之间相互连接，组成一种不规则的网状形式，如图 6-14 所示。

网状拓扑结构的各个节点之间的通信是多方面的，当某条通路出现故障或者拥挤阻塞，可以换一条通路，具有一定的可靠性。此拓扑结构分支较多，组建网络的成本较高，网状拓扑结构在广域网的主干网应用较多，如中国的教研科研网、公用计算机互联网等。

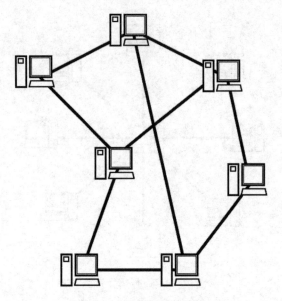

图 6-14　网状型拓扑结构

6. 全互联型结构

在全互联型拓扑结构中，任意两个节点之间都有一条专用的链路，如图 6-15 所示。该拓扑结构具有非常高的可靠性，独立的交换机内部通常是全互联的，为更大的网络提供了基本的构造模块，成本较高。全互联型结构一般应用在超级计算机中或并行计算机中。

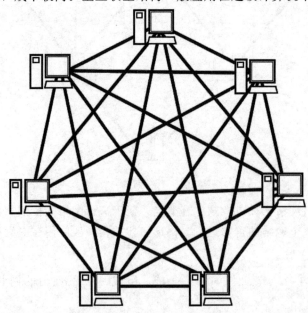

图 6-15　全互联型拓扑结构

7. 混合型拓扑结构

混合型网络拓扑结构是指两种或两种以上的拓扑结构混合使用，共同完成通信功能。

8. 蜂窝拓扑结构

蜂窝拓扑结构把移动电话的服务区分为多个正六边形的小子区，每个小区设一个基站，形成了形状酷似"蜂窝"的结构，如图 6-16 所示。

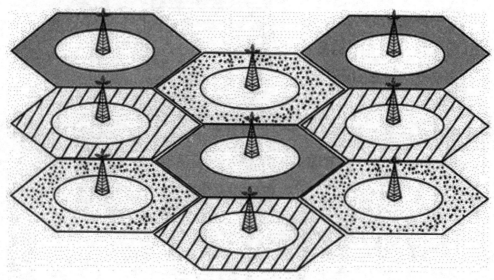

图 6-16　蜂窝拓扑结构

蜂窝网络又可分为模拟蜂窝网络和数字蜂窝网络，两者主要的区别是传输信息的方式。

第三节　常见的参考模型

常见的参考模型有 OSI 参考模型、TCP/IP 参考模型等。

一、OSI 参考模型

1984 年，开放系统互联体系结构（简称 ISO）颁布了 OSI 参考模型，被称为开放系统互联参考模型，见图 6-17，该模型包括 7 层：

1. 物理层

OSI 参考模型的最底层是物理层，其主要任务是为设备之间的数据通信提供传输媒体和互联设备，为比特流的接收和传输提供可靠的环境。

所谓比特流是指一串串由 0 和 1 组成的代码。在物理层借助传输介质将比特流从发送端发送到接收端。常见的传输介质分为两类：有线传输媒体和无线传输媒体。常见的有线传输媒体有：双绞线（俗称网线）、光纤、同轴电缆等；常见的无线传输媒体有：无线电波、微波通信、红外通信、激光通信等。与有线传输媒体相比，无线网络摆脱了网线的束

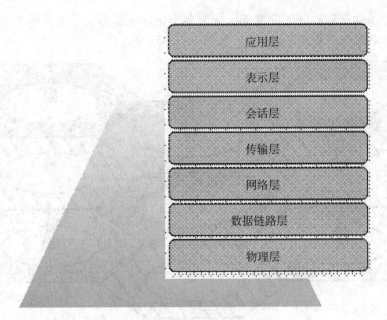

图 6-17　OSI 参考模型

缚，让人们可以在任何时间、任何地点，通过任何方式可以进行任何通信，大大方便了人们的生活与工作。

在家庭中，常见的无线设备有路由器，如图 6-18 所示。

图 6-18　路由器

在物理层，根据传输的比特流的方向不同，分为 3 种：单工通信、半双工与全双工通信。

1）单工通信

在单工通信下，发送的数据只能在一个方向上传输。发送方只能发送数据，不能接收信息；接收方只能接收信息，不能发送信息。生活中常见的电视广播和无线电广播所采用的通信方式属于单工通信，观者和听者为接收方，只能接收广播发送的信息，而广播不能接收我们发出的信息。除此之外，收音机采用的也是单工通信方式。

2）半双工通信

在半双工通信下，发送方与接收方可以交替发送和接收信息，双方都可以发送和接收信息，但是不能同时发送和接收信息。常见的例子有：对讲机、航海无线电台等。使用对讲机的双方都具有发送与接收信息的能力，在同一时刻，一方作为发送方，另外一方作为接收方，在另外一个时刻双方可以互换角色，完成信息的传递。

3）全双工通信

在全双工通信下，发送方与接收方可以同时进行信息的传递，可以同时发送信息或同时接收信息。我们现在使用的电话或手机通信都是采用的全双工通信。因为这种通信方式要求双方都具备发送和接收信息的设备，一般设备比较昂贵。

2. 数据链路层

数据链路层位于 OSI 参考模型的第二层。数据链路层主要的功能是解决相邻节点之间的通信，在数据链路层传输的数据被称为帧。

数据链路层的主要任务包括：检查帧的开始和结束方式、制定流量控制、错误检测等。

1）帧的开始和结束方式

在物理层传输的比特流如果出现错误，数据链路层采用帧同步技术来检查帧的开始和结束方式。利用帧同步技术能够使接收方准确分辨出每个帧的开始和结束，以及识别哪些是重新传输的帧。

2）制定流量控制

当打印机打印数据的速度大于计算机向打印机发送数据的速度时，打印机内的缓存器可以存放一部分数据，使得发送的数据能够被完全打印。如果在打印机没有完全把数据打印，且缓冲器不能存放数据的情况下，打印机的微处理器将发出一个 XON 信号，使得计算机继续发送数据。采用流量控制可以使得接收端的数据帧不溢出，数据能够完全接收。

常用的流量控制方法有：XON/XOFF 方案、停止等待协议、滑动窗口机制等。

3）错误检测与控制

数据链路层的一个重要功能就是错误检测与控制。数据链路层对从物理层传输的数据进行错误检测，如发现错误并纠正，减少错误的机率。

常见的错误检测方案有：奇偶校验、循环冗余校验、海明校验等。

（1）奇偶校验。奇偶校验包括奇校验和偶校验两种方式。这两种方式校验的都是源数据中"1"的个数，若采用奇校验检，"1"的个数需要是奇数，若采用偶校验检，"1"的个数需为偶数。根据校验后的情况，在发送数据后附加一个校验位。

【例 6-1】若在物理层传输的比特流数据为：10110011，在该数据发送前，现对该数据进行奇校验，附加的校验位是（　　）。

A. 1　　　　　　　B. 0　　　　　　　C. 2　　　　　　　D. 4

该题考查的是奇校验的方法，若使用奇校验，检测 1 的个数需要为奇数。在源数据 10110011 中，1 的个数是 5，已经是奇数，故添加的附加位是 0。故正确答案为 B。

发送数据发生奇数个差错时，接收方能够发现差错；

发送数据发生偶数个差错时，接收方不能发现差错。

若采用奇校验方案，发送数据 11100000 发生 1、3、5 或 7 个错误时，1 的个数由奇数变为偶数，接收方能发现差错；如果发生 2、4、6 或 8 个错误时，1 的个数仍是奇数，接收方将不能发现差错。

对于偶校验也是这样。因此奇偶校验只能检测出大约一半的差错。

（2）循环冗余校验。循环冗余校验是在计算机网络和数据通信中应用比较广泛的检错码。循环冗余码（cyclic redundancy code，CRC），又称为多项式码。CRC的检测方法是在发送端产生一个冗余码，附加在信息位后面一起发送到接收端，接收端接收到的信息按发送端形成循环冗余码同样的算法进行校验，如果发现错误，则通知发送端重发。

循环冗余校验步骤如下：

①假设生成多项式是 n 位。

②在发送数据后面添加（$n-1$）个 0 作为被除数。

③生成多项式对应的二进位串作为除数。

④用异或 $\oplus$ 方法。相同数的异或结果是 0，不同数的异或结果是 1。

⑤最后得到的（$n-1$）位余数就是附加码（余数的位数比生成多项式对应的二进位串的位数少 1）。

【例 6-2】假设要传输的原始数据是 100110（6 位），生成多项式是 101（3 位），采用循环冗余检验，写出计算过程。

解：

（1）发送方在原始数据：100110 后面添加 2 个 0，添加完 0 后的数据为 10011000（8位），作被除数。

（2）生成多项式对应位串 101 作为除数。

（3）按照异或方法进行运算。

（4）计算结果如图 6-19 所示。

（5）添加的附加码为 01。

接收方拥有与发送方相同的生成多项式，把接收到的数据作为被除数，以生成的多项式作为除数，做同样的除法运算。

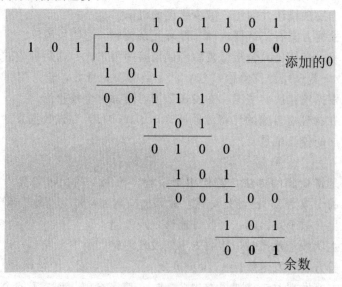

图 6-19　CRC 计算过程

若最后余数为 0，则说明数据正确，若余数不为 0，则说明数据出错。

（3）海明校验。由 Richard Hamming 于 1950 年提出、目前还被广泛采用的一种很有效的校验方法，是只要增加少数几个校验位，就能检测出二位同时出错、亦能检测出一位出错并能自动恢复该出错位的正确值的有效手段，后者被称为自动纠错。它的实现原理，是在 k 个数据位之外加上 r 个校验位，从而形成一个 $k+r$ 位的新的码字，使新的码字的码距比较均匀地拉大。把数据的每一个二进制位分配在几个不同的偶校验位的组合中，当某一位出错后，就会引起相关的几个校验位的值发生变化，这不但可以发现出错，还能指出是哪一位出错，为进一步自动纠错提供了依据。

3. 网络层

网络层位于 OSI 参考模型的第三层。网络层的协议数据单元是 IP 数据报，统称为分组。

网络层向上一层提供简单灵活的、无连接的、尽最大努力交付的数据报服务，在发送 IP 数据报时不需要先建立连接，独立发送，不需要进行编号。由于网络层不提供服务质量的承诺，因此传送的 IP 数据报可能会出错、丢失、重复和失序（不按序到达终点）等。由于网络层只提供服务，不保证可靠传输，这使得网络的造价大幅度降低，运行方式比较灵活，能够适应多种应用，大大提高了互联网的发展速度。图 6-20 所示的是 PC₁ 发送给 PC₂ 的 IP 数据报可能沿着不同路径传送。

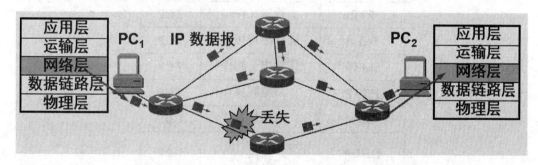

图 6-20　PC₁ 发送给 PC₂ 的 IP 数据报可能沿着不同路径传送

网络层主要的功能是路由选择，在网络层众多的路径中选择一条合适的路径传输数据。除此之外，网络层还具有一些功能：激活与终止网络连接、排序与流量控制、服务选择、网络管理、拥塞控制等。

网络层常用的协议包括：网际互连协议（IP 协议）、控制报文协议（ICMP 协议）、地址转换协议（ARP 协议）、反向地址转换协议（RARP 协议）等。

4. 传输层

传输层介于网络层与会话层之间，专门负责 OSI 七层模型中数据的通信。

传输层具有以下功能：

1) 分用与复用

分用是指接收计算机的传输层实体（如浏览器）收到网络层实体（如 IP 协议进程）交来的数据后，再正确无误地分配到不同的应用进程中。

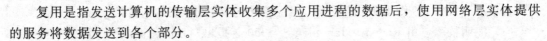

复用是指发送计算机的传输层实体收集多个应用进程的数据后，使用网络层实体提供的服务将数据发送到各个部分。

2）可靠传输

网络层只负责数据的传输，数据可靠传输的任务由传输层负责。当数据在传输过程中，出现错误或丢失现象时，传输层就要将数据重新传递，以保证数据的可靠传递。

3）拥塞控制

拥塞控制是指在数据传递的过多的情况下，大量数据拥挤在一起，将会出现堵塞，造成数据丢失，传递数据所需的时间增大，这时候传输层就会设法降低数据发送效率，以缓解数据的堵塞。

在传输层中，有两个重要的协议：传输控制协议（transmission control protocol，TCP）与用户数据报协议（user datagram protocol，UDP）。

（1）TCP 协议可以完成分用与复用、可靠传输、拥塞控制三个任务，由于协议复杂，导致传输效率较低，而 UDP 仅完成复用与分用的任务，由于协议简单，故传输效率较高。应用层协议要根据自己的情况来确定使用 UDP 还是 TCP，图 6-21 所示为 TCP 与 UDP 的适用场合。

应用层协议	协议用处	UDP/TCP
FTP	传输文件	TCP
Telnet	远程终端接入	TCP
SMTP	传输电子邮件	TCP
HTTP	浏览网页	TCP
DNS	域名转换	UDP
DHCP	自动配置IP协议	UDP
SNMP	网络管理	UDP
RTP	传输多媒体数据	UDP

图 6-21　TCP 与 UDP 的适用场合

（2）UDP 适用于不需要可靠传输的应用层协议的情况下，如多媒体数据，在音频与视频中出现少量差错完全可以接受，DNS 的一次通信过程只有一来一去两个报文。

5. 会话层

会话层处于运输层之上，是指为两个会话层实体进行会话而进行的对话连接服务，一般提供的是同步服务。

其主要任务是：建立、拆分和关闭会话；实现会话的同步与分解；实现会话的确认和重传；利用令牌控制对话等。

6. 表示层

表示层位于会话层之上，由于每台计算机都有各自的数据描述方法，不同类型的计算机在通信时，需要进行格式转换，才能保证数据的意义不变。表示层主要的任务是：对两个通信系统之间所交换信息的格式进行翻译，使之形成适合传递的数据比特流，最终转换成用户所要求的格式。

7. 应用层

应用层位于 OSI 参考模型的最高层，其主要任务是为用户所用的应用程序提供通信协议：电子邮件、文件管理、远程访问和文件传输。

常用的应用层协议有：

1）超文本传输协议（hyper text transfer protocol，HTTP）

HTTP 是典型的客户机/服务器结构，浏览器向 WWW 服务器发出 HTTP 请求报文，WWW 服务器则返回 HTTP 响应报文，为保证数据的可靠传输，HTTP 在运输层使用TCP，WWW 服务器的熟知端口号是 80。

2）简单邮件传输协议（simple mail transfer protocol，SMTP）

无论收发信人使用专用邮件客户端软件，还是使用浏览器，两台邮件服务器之间都使用 SMTP 传输邮件。为保证邮件的可靠传输，SMTP 在运输层使用 TCP 协议，SMTP 是客户机/服务器结构，SMTP 服务器的熟知端口是 25。

3）邮局协议版本 3（post office protocol v3，POP3）或因特网报文访问协议（Internet Message Access Protocol，简称 IMAP）

当收信人使用专用邮件客户端软件时，收信人的计算机使用邮局协议版本 3（Post Office Protocol v3，POP3）或因特网报文访问协议（Internet Message Access Protocol，IMAP）从当前的邮件服务器读取邮件。

通过 SMTP 协议，邮件只能从客户机发送到服务器，但是客户机不能从服务器中下载邮件，而通过 POP3 或 IMAP，客户机才能从服务器下载邮件。

4）文件传输协议（File Transfer Protocol，FTP）

文件传输协议是在网络上传输文件常用的协议之一。该协议采用客户机/服务器模式，能操作任何类型的文件且不需要进一步处理。FTP 协议从开始请求到第一次接收需求数据之间的时间较长，具有一定的时延性。

二、TCP/IP 参考模型

TCP/IP 参考模型是 20 世纪 70 年代提出的，TCP/IP 包括传输控制协议和网络互连协议。该模型分为四层，如图 6-22 所示。

1. 网络接口层

网络接口层位于 TCP/IP 参考模型的最底层，主要负责使用某种协议与网络连接，以进行 IP 数据报的传输。

2. 网际层

TCP/IP 参考模型的网际层对应于 OSI 参考模型的网络层，网际层的主要任务是产生

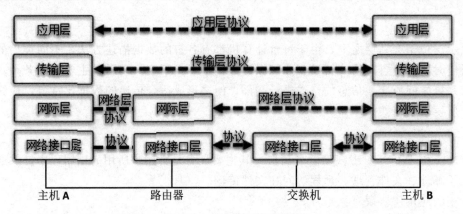

图 6-22 TCP/IP 参考模型

IP 数据报和 IP 数据报在逻辑路由上的路由转发。该层有网际协议（IP）、互联网组管理协议（IGMP）和互联网控制报文协议（ICMP）这三个重要协议。其中 IP 协议提供的是一个可靠、无连接的数据报传递服务。

3. 传输层

传输层位于 TCP/IP 参考模型的第三层，其主要任务是提供面向连接的可靠服务与无连接的不可靠服务，以实现端到端的通信服务。其功能与 OSI 参考模型的传输层功能一致。

4. 应用层

应用层位于 TCP/IP 参考模型的最高层，可以为用户提供各种各样的通信服务。TCP/IP 参考模型中的应用层相当于 OSI 参考模型的会话层、表示层与应用层。

【例 6-3】在 TCP/IP 参考模型中，从高至低，位于第 4 层的是（   ）。

A. 数据链路层　　　　　　　　　　B. 会话层
C. 传输层　　　　　　　　　　　　D. 网络层

该题考查了 TCP/IP 参考模型的组成，该模型从底到高依次是：物理层、数据链路层、网络层、传输层、会话层、表示层与应用层。从高至低，位于第 4 层的是传输层。因此，正确答案是 C。

三、TCP/IP 与 OSI 参考模型的比较

TCP/IP 与 OSI 参考模型有相似之处：两者都采用层次结构的概念，总体达到的功能基本一致，网络层和运输层基本一致。但是 OSI 模型与 TCP/IP 模型两者也有不同之处：前者包括 7 层，结构十分清晰，每层协议的更换不会影响其他层，是比较理想的分层思想。后者包括 4 层，简单高效，容易实现；前者处理数据周期较长，降低了运行的效率，后者运行效率较高，如图 6-23 所示。

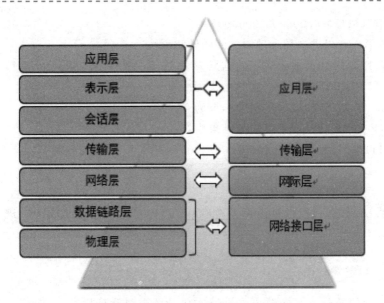

图 6-23 OSI 与 TCP/IP 参考模型对比

TCP/IP 参考模型应用较广泛，传输控制协议 TCP 和网际协议 IP 作为 TCP/IP 参考模型的两个重要组成部分，已经成为网络互联的事实标准。

第四节 IP 地址

TCP/IP 体系结构包括两个重要协议：传输控制协议 TCP 与网际协议 IP，TCP 协议在运输层，而 IP 协议工作在网络层。

1984 年 IETF 发布的 RFC791 中定义了 IP 协议第 4 版，也就是 IPV4，随着网络的快速发展，IPV6 逐渐深入我们的生活。下面主要介绍 IP 地址格式及分类、子网掩码。

一、IP 地址格式

在日常生活中，身份证可以识别一个人，每天上网的人较多，可以通过 IP 地址识别每一台上网的计算机。IP 地址可以在世界范围内标识一台计算机。IP 协议制定了 IP 地址的格式与分配方案。

以我们常见的 IP 地址 168.126.0.1 为例，其长度分为 4 段，每段都是十进制，中间以实心点分隔，IP 地址的长度是 32 位，每位都是以 0 或 1 代码书写，由于人们难以理解二进制，因此将每 8 位二进制转化成十进制，每段代表一个字节，每段的范围是 00000000 ～11111111，十进制也就是 0～255，所以每段十进制最大不超过 255。

【例 6-4】将 IP 地址 11111111111111110000000000000010 书写成点分十进制的形式

解：

(1) 由于 IP 地址是 32 位，现将 IP 地址 11111111111111110000000000000010 分成 4

组 11111111.11111110.00000000.00000010

（2）参照第一章二进制与十进制之间的转化方法

二进制 11111111 转换成十进制的结果为 255；

二进制 11111110 转换成十进制的结果为 254；

二进制 00000000 转换成十进制的结果为 0；

二进制 00000010 转换成十进制的结果为 2。

（3）11111111. 11111110. 00000000. 00000010

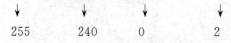

255　　　　240　　　　0　　　　2

IP 地址 11111111111111110000000000000010 书写成点分十进制的形式为 255.254.0.2。

二、IP 地址分类

IP 地址分为两部分：网络号与主机号。网络号指明计算机所在的网络，主机号指明该计算机。根据这一特性，一般计算机都可以实现通信。

两种特殊的 IP 地址：

（1）网络 IP 地址。网络 IP 地址是指主机号全为 0 的 IP 地址。

（2）广播 IP 地址。广播 IP 地址是指主机号全为 1 的 IP 地址。主机使用广播地址把一个 IP 数据报发送到本地网段的所有设备上。

无论是网络 IP 地址，还是广播 IP 地址，都不能再分配给计算机。

我们使用的 IP 地址分为 5 类，最常见的包括 A 类、B 类与 C 类，D 类与 E 类并不常见。下面介绍常见的三种：

（1）A 类 IP 地址。A 类 IP 地址网络号是 8 位，由于 IP 地址总长度是 32 位，所以 A 类 IP 地址的主机号是 32－8＝24 位。其范围为 1.0.0.0～126.255.255.255

对于 A 类 IP 地址，一个网络内可以拥有的计算机数为 $2^{24}-2=16777214$。减去的一个是网络 IP 地址，一个是广播 IP 地址，只要知道主机号就可以计算出可以分配的计算机台数。

大部分 A 类 IP 地址在美国被使用，我国使用的基本上都是 C 类 IP 地址。

（2）B 类 IP 地址。B 类 IP 地址网络号是 16 位，由于 IP 地址总长度是 32 位，所以 B 类 IP 地址的主机号是 32－16＝24 位。其范围为 128.0.0.0～191.255.255.255

对于 B 类 IP 地址，一个网络内可以拥有的计算机数为 $2^{16}-2=65534$。

（3）C 类 IP 地址。C 类 IP 地址网络号是 24 位，由于 IP 地址总长度是 32 位，所以 C 类 IP 地址的主机号是 32－24＝8 位。其范围为 192.0.0.0～223.255.255.255。

一般情况下，我国局域网使用 C 类 IP 地址，一个网络内可以拥有的计算机数为 $2^{8}-2=254$。

【例 6-5】以下 IP 地址属于 C 类 IP 地址的是（　　）。

A. 10.10.10.245　　　　　　　　B. 128.191.110.116

C. 193.168.10.80　　　　　　　　D. 126.127.128.119

该题考查了 IP 地址的分类，由于 A 类 IP 地址的范围为 1.0.0.0～126.255.255.255，B 类 IP 地址的范围为 128.0.0.0～191.255.255.255，C 类 IP 地址的范围为 192.0.0.0～223.255.255.255，故正确答案为 C。

三、子网掩码

现在分配 IP 地址的方案是无分类域间选路，简称 CIDR。对于 IP 地址来说，计算机与路由器需要知道网络号和主机号的长度，而 CIDR 使用子网掩码计算网络号和主机号的长度。

子网掩码的格式与 IP 地址类似，总长度为 32 位，由 0 或 1 代码组成，在书写的过程中，左边全是 1，右边全是 0，1 的位数等同于网络号的位数，0 的位数与主机号相同。已知主机号的位数或 IP 地址可以计算出子网掩码。下面以常见的 IP 地址 168.1.1.2 为例，计算子网掩码的具体过程如下：

（1）根据 A 类、B 类、C 类地址的范围判断出 193.1.1.2 属于 C 类 IP 地址。其网络号长度为 24，主机号长度为 8。

（2）将 193.1.1.2 写成 32 位：11000001.00000001.00000001.00000010。

（3）根据网络号对应子网掩码中 1 的个数，主机号对应子网掩码中 0 的个数。32 位子网掩码可以写成：11111111.11111111.11111111.00000000。

（4）将 32 位子网掩码写成点分十进制的形式：255.255.255.0。

【例 6-6】已知子网掩码是 255.255.0.0，对应的 IP 地址主机号占（　　　　）位。

　　A. 8　　　　　　　　B. 16　　　　　　　　C. 24　　　　　　　　D. 32

该题考查了 IP 地址与子网掩码的关系，IP 地址中网络号的位数与子网掩码中的 1 对应，主机号的位数与子网掩码中的 0 的位数对应，由于在该子网掩码中，有 2 个字节的 0，共 16 位，故主机号的位数也为 16，故正确答案为 B。

同理，已知子网掩码，也可以计算出网络号和可分配的 IP 地址数，以子网掩码 255.255.240.0 为例，计算过程如下：

（1）将子网掩码 255.255.240.0 写成 32 位：11111111.11111111.11110000.00000000。

（2）根据网络号对应子网掩码中 1 的个数，主机号对应子网掩码中 0 的个数。得知网络号为 20，主机号为 12。

（3）可分配的 IP 地址数：$2^{12}-2=4094$。

【例 6-7】已知 IP 地址是 192.10.200.13，子网掩码是 255.255.255.0。试求网络地址。

　　解：

（1）点分十进制表示的 IP 地址：192.10.200.13

（2）IP 地址的第 3 字节是二进制：192.10.11001000.00001101

（3）子网掩码是 255.255.255.0：11111111.11111111.11111111.00000000

（4）IP 地址与子网掩码逐位相与：192.10.11001000.0

（5）网络地址（点分十进制表示）：192.10.200.0

第五节　网络安全

随着互联网技术的发展，全球已进入网络时代。新一代物联网、大数据、人工智能等技术给人们带来便利的同时，也伴随着人们对网络依赖度的增加。由于互联网的开放性，万物互联等因素，网络更加容易遭受黑客的攻击。计算机病毒、木马等越来越影响着网络系统的安全，因此对网络信息的保护也越来越受到重视。如何保护网络上的软件、硬件和系统的可用性及可靠性不受影响，保障信息的机密性、完整性、不可抵赖性、可控性是网络安全研究的主要内容。

一、什么是网络安全

网络安全是指网络系统的硬件、软件及其系统中的数据受到保护，不因偶然的或者恶意的原因而遭受到破坏、更改、泄露，系统连续可靠正常地运行，网络服务不中断。

网络安全包括信息安全和系统安全两大内容。敏感信息，如个人信息和身份，密码经常与个人财产（如银行账户）和隐私相关联，如果泄露，则可能引起安全问题。未经授权的访问和使用私人信息可能导致身份盗窃和财产盗窃等后果。非法的网络信息，如涉及国家安全、毒品、赌博、色情、暴力等信息对社会稳定、未成年人的成长等会造成影响，因此必须对网络上传播的内容进行控制。系统安全指的是计算机网络硬件设备、操作系统、应用软件（如信息系统）的安全。

二、网络安全的特征

安全的网络，具有以下特征：

1. 保密性

非授权用户、实体或过程不能访问信息，信息数据只能被授权用户和实体利用的特性。

2. 完整性

完整性指的是信息在存储或传输的过程中没有被修改、破坏，没有发生丢失的特性。

3. 可用性

可用性指的是需要时能够存取所需的信息。例如拒绝服务攻击（Denial of Service）等都属于对可用性的攻击。

4. 可控性

对信息的内容及其传播具有控制能力。

5. 可审查性

对出现的网络安全问题提供审查的依据和方法。

三、网络安全的防范

网络安全的实现，可以通过技术层面、管理层面和法律层面来完成。

1. 技术层面

网络安全技术主要包括密码技术、数字签名与认证技术、防火墙、网络通信安全和杀毒软件等。

2. 管理层面

主要是通过培训、管理掌握安全使用网络的知识、方法等，如定期修改密码、采用混合字母、数字的密码等，限制用户权限等，监视网络运行，制定网络安全管理制度等。

3. 法律层面

完善立法，对危害国家安全、人民财产安全等网络不法行为进行约束，打击网络诈骗、网络犯罪等不法行为，保障人民群众使用计算机网络的安全。

四、威胁网络安全的典型案例

1. 网络钓鱼

钓鱼是一种骗局，骗子伪装成可信赖的来源，试图通过互联网获得私人信息，如密码、信用卡信息等。钓鱼通常通过电子邮件和即时消息进行，并且可能包含指向网站的链接，这些链接引导用户输入他们的私人信息。这些假冒网站的外观通常被设计成与合法的网站相同的外观，以避免用户怀疑。

2. 互联网诈骗

网络诈骗是指以各种方式试图利用他们的阴谋欺骗用户。网络诈骗的目的往往是直接欺骗受害人的个人财产。

3. 恶意软件

恶意软件，特别是间谍软件，未经用户同意或知情收集和传输私人信息（如密码）。它们通常通过电子邮件、软件和来自非官方位置的文件分发。恶意软件是最普遍的安全问题之一，由于文件的来源不同，常常无法确定文件是否被感染。

五、木马和病毒

病毒指编制或者在计算机程序中插入的破坏计算机功能或者数据，影响计算机使用并且能够自我复制的一组计算机指令或者程序代码。木马是指一段特定的程序，通过这段程序可以控制另一台计算机。

防范木马和病毒的方法如下：

（1）安装正版杀毒软件，并及时升级。

（2）开启防火墙，并将安全级别设置为最高。

（3）使用正版的操作系统和软件。

（4）不随意单击来历不明的网络链接。

（5）不运行来历不明的软件。

（6）不随意使用 U 盘等移动存储。若需要打印等，尽量采用网盘、邮箱等，而不选择 U 盘。如果不可避免使用 U 盘，可以选择有"写保护"功能的 U 盘，在公用电脑上使用时，打开"写保护"功能。

第六节　计算机网络的应用

计算机网络在生活中无处不在，足不出户就可以了解国内外大事，正因为有了网络，在家办公、视频通话、在线娱乐成为了可能，网络在很大程度上改变了人们的工作方式与生活方式。计算机网络的应用主要体现在以下几个方面。

一、资源共享

计算机网络最主要的功能是资源共享。所共享的资源包括硬件资源和软件资源，如大容量磁盘、高速打印机、绘图仪、文件、图片、视频、音频、动画等。因为受到经济条件和其他因素的影响，网络上的计算机不但可以使用自身的资源，也可以把自身的资源共享给其他计算机用户，这大大提高了计算机的处理能力和计算机软硬件的利用效率。

二、信息交流

计算机网络最基本的功能是信息交流。在网络上，用户可以发电子邮件、浏览网页信息、打视频通话、聊天。信息交流让我们随时随地都可以进行通信，摆脱了时间和地点的约束与限制，改变了我们的生活方式与交流方式。虽然利用计算机网络可以实现信息交流，但是在某些方面，仍无法取代面对面交流的作用。

三、电子商务

电子商务是目前的发展趋势，也是计算机网络的一种非常重要的应用。在超市购物，可以使用手机支付，其大大改变了人们的生活方式，使人们不使用现金也可以进行正常购物。在网络上，可以进行理财与工资查询，网上购物使人们足不出户就可以买到所需的物品，电子商务使人们的生活便利化和时间最大化。

四、远程教育

远程教育是一种以开展学历或非学历教育为目的的在线服务系统。几乎大学所有的课程都可以通过远程教育传授给学员。现在很多高校开设的网课也是远程教育的一部分，学生按照要求学习在线课程，完成所布置的作业，获得结业证书。计算机辅助教育采用对话和引导的方式指导学生学习，如果在学习过程中遇到困难，在线解答，帮助学生解决困难，达到远程教育的真正目的。

五、管理信息系统

管理信息系统，简称 MIS，包括教学管理系统、实验室管理系统等。如利用教学管理系统，教师可以查询所教课程和教室，学生则可以查询课程表和考试分数，也可以网上评教等，这大幅度提高了企业或高校的管理水平和工作效率。

第七节　实验分析

一、局域网线的制作

1. 实验目的

(1) 学会使用工具制作双绞线。

(2) 学会使用测线仪测试双绞线的连通性。

2. 实验器材

RJ-45 接头（若干），双绞线（若干），剥线钳、压线钳、测线仪。

3. 实验要求

制作宽带连接的网线并测试其连通性。

4. 实验过程

1) 准备工具和材料

准备工具和材料如图 6-24 所示。

2) 网线制作标准

T568A：白绿、绿、白橙、蓝、白蓝、橙、白棕、棕。

T568B：白橙、橙、白绿、蓝、白蓝、绿、白棕、棕。

网线制作标准如图 6-25 所示。

3) 网线的制作

(1) 剪断网线，如图 6-26 所示。

UTP 压线钳

RJ45接头简易测线仪

图 6-24　工具和材料

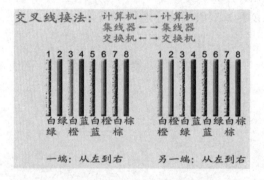

图 6-25　网线制作标准

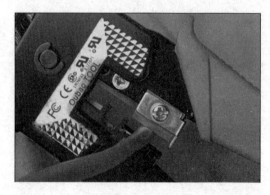

图 6-26　剪断网线

（2）把网线剥皮，如图 6-27 所示。

图 6-27　把网线剥皮

（3）排序。按照 T568B 的顺序排列好。

（4）先把橙色的线放左边，棕色的放右边，绿色和蓝色放中间。然后把每根线拆开，理顺、捋直，然后按照规定的线序排列整齐。

（5）把网线剪齐，如图 6-28 所示。

图 6-28　把网线剪齐

（6）把剪齐的网线插入水晶头，如图 6-29 所示。

图 6-29　把剪齐的网线插入水晶头

（7）压制，把水晶头完全插入，用力压紧，能听到"咔察"声，重复压制多次，如图6-30 所示。

图 6-30　压制网线

4）测试

将做好的网线的两头，分别插入网线测试仪中，并启动开关，如果两边的指示灯同步亮，则表示网线制作成功，如图 6-31 所示。

图 6-31　测试网线

5. 实验注意事项

（1）剥线时，不可太深，太用力，否则容易把网线剪断。

（2）一定要把每根网线捋直，排列整齐。

（3）把网线插入水晶头时，8 根线头每一根都要紧紧地顶到水晶头的末端，否则可能无法接通。

（4）捋线时候，不可过分用力，以免将网线拗断。

二、局域网的组建

1. 实验目的

（1）掌握由 Cisco 公司发布的网络技术辅助学习工具——Packet Tracer，并模拟一个简单的上网环境。

（2）学会网络命令的使用方法。

2. 实验环境

Cisco Packet Tracer。

3. 实验要求

仿照图 6-32 搭建简单网络，并测试连通性。

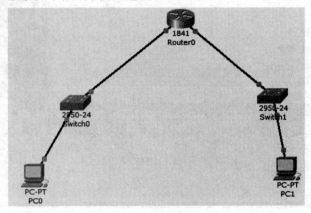

图 6-32　局域网效果图

4. 实验过程

（1）打开安装好的思科模拟软件。

（2）仿照图 6-32，把路由器、两台电脑和两个交换机拖到空白处，如图 6-33 所示。

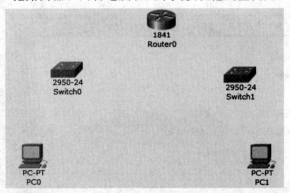

图 6-33　路由器、电脑和交换机的搭建

（3）在如图 6-34 所示的线中，选择左边第 3 个，连接完整。

图 6-34　可选择的连接线

（4）设置路由器、个人电脑的 IP 地址、网关、子网掩码等。

①双击"PC0 电脑"按钮，在弹出的对话框中，单击"Desktop"按钮，设置 PC0 的

IP 地址，如图 6-35 所示。

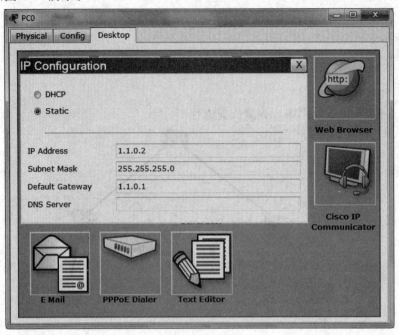

图 6-35 设置 PC0 的 IP 地址、网关、子网掩码

②双击"PC1 电脑"按钮，在弹出的对话框中，单击"Desktop"按钮，设置 PC1 的
IP 地址，如图 6-36 所示。

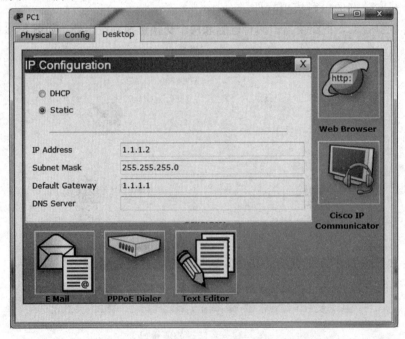

图 6-36 设置 PC1 的 IP 地址、网关、子网掩码

③双击"Rounter 路由器"按钮，在弹出的对话框中，单击"config"按钮，设置参数如图 6-37 所示。

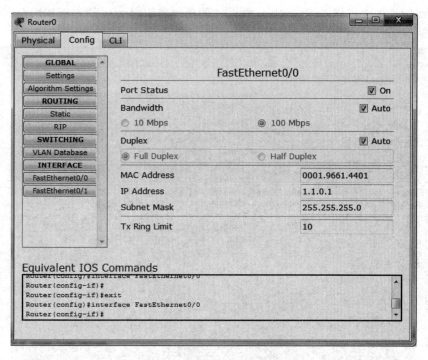

图 6-37　路由器设置（a）

按照同样的方法，设置路由器，如图 6-38 所示。

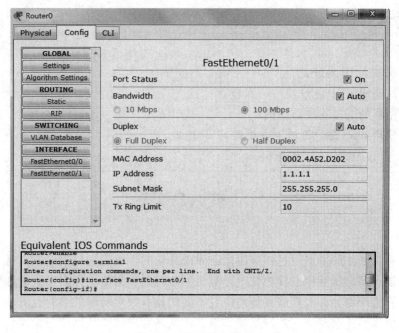

图 6-38　设置路由器（b）

（5）待所有指示灯为绿色，说明搭建成功。利用网络命令 ping 测试网络的连通性。

双击"PC1 电脑"按钮，在弹出的对话框中，单击"Desktop"按钮，选中第四个命令，在弹出的黑屏上，输入"ping1.1.0.2"，如果弹出如图 6-39 所示的代码，说明两台电脑已经互通。

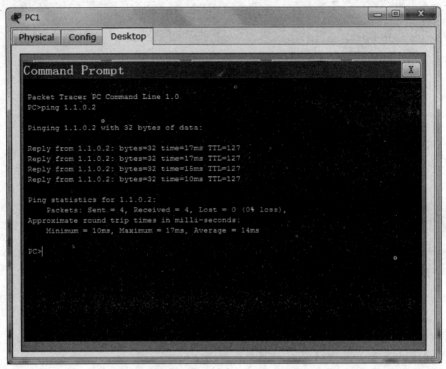

图 6-39　测试连通性

5. 实验注意事项

（1）正确输入 IP 地址。

（2）子网掩码与 IP 地址应一一对应。

（3）路由器的端口连接需正确。

（4）需使用 ping 命令测试对方机器的 IP 地址。

本章知识点小结

（1）计算机网络的发展经过四个阶段：面向终端的计算机通信网时期、通信互联的计算机网络时期、遵循国际标准化协议的计算机网络时期、智能化方向发展的计算机网络。

（2）计算机网络的含义是指将地理位置不同的具有独立功能的多台计算机及其外部设备，通过通信线路连接起来，在网络操作系统，网络管理软件及网络通信协议的管理和协调下，能够实现资源共享和信息传递目的的计算机系统。

（3）理解层、协议、服务的关系，掌握常见的拓扑结构：总线型、环形、树型、网状形、星形、全互联形、混合型与蜂窝型拓扑结构，以及各自的优缺点。

（4）掌握常见的参考模型：OSI 参考模型与 TCP/IP 参考模型，并能够分析它们的优缺点。

（5）掌握 IP 地址的书写格式：32 位，四个字节，IP 地址的分类以及所代表的网络号和主机号。并且在给定子网掩码的情况下，能够判断出其 IP 地址类型和最多的机器数。

（6）掌握计算机网络的应用：资源共享、信息交流、电子商务、远程教育、管理信息系统等，并根据实际说出其在生活的应用。

（7）掌握网线的制作步骤，能够制作网线以及利用思科模拟软件搭建简单的局域网并进行测试。

课后习题

1. 单项选择题

（1）下列属于 C 类 IP 地址的是（　·　）。

A. 126. 168. 6. 12　　　　　　　　B. 127. 168. 6. 121

C. 192. 168. 6. 120　　　　　　　　D. 110. 168. 6. 32

（2）以下地址中，不是子网掩码的是（　　　）。

A. 255. 255. 255. 0　　　　　　　　B. 255. 255. 0. 0

C. 255. 239. 0. 0　　　　　　　　　D. 255. 255. 254. 0

（3）用于测试网络连通性的命令是（　　　）。

A. ipconfig　　　　　　　　　　　　B. ping

C. tracert　　　　　　　　　　　　 D. ftp

（4）（　　　）层的协议数据单元是数据报。

A. 物理　　　　　　　　　　　　　　B. 网络

C. 运输　　　　　　　　　　　　　　D. 应用

（5）（　　　）拓扑结构采用广播方式进行通信，所有的节点都处在一条总线上，可以接收和共享同一信息。

A. 网状形　　　　　　　　　　　　　B. 星形

C. 总线型　　　　　　　　　　　　　D. 环形

（6）TCP/IP 体系结构中，处于最顶层的是（　　　）。

A. 运输层　　　　　　　　　　　　　B. 网络层

C. 数据链路层　　　　　　　　　　　D. 应用层

（7）（　　　）型拓扑结构从一个节点到另外一个节点，直到将所有的节点链成环型。

A. 星　　　　　　B. 树　　　　　　C. 总线　　　　　　D. 环

（8）子网掩码在计算机内占用（　　　）位。

A. 16　　　　　　B. 32　　　　　　　C. 24　　　　　　　D. 48

(9) 以下有关 IP 地址的写法中错误的是（　　　）。

A. 192. 168. 0. 1　　　　　　　　　B. 220. 256. 120. 0

C. 10. 10. 10. 10　　　　　　　　　D. 127. 1. 1. 1

(10) B 类 IP 地址的网络号是（　　　　）位。

A. 8　　　　　　B. 16　　　　　　　C. 24　　　　　　　D. 32

2. 填空题

(1) 物理层的任务是_____。

(2) 网络层的协议数据单元是_____。

(3) 子网掩码 255. 255. 254. 0 对应的主机号长度为_____位。

(4) 200. 168. 10. 10 属于_____类 IP，网络内可分配的 IP 地址数为_____。

(5) 计算机 A 的 IP 地址是 150. 23. 90. 200，则对应的广播 IP 地址是_____。

3. 简答题

(1) 请写出双绞线包括的八根线名称及其制作步骤。

(2) 画出 TCP/IP 与 OSI 参考模型图。

(3) 画出计算机网络的三种拓扑结构图，并分析它们各自的优缺点。

(4) 谈谈计算机网络在生活中的应用。

参 考 文 献

[1] 吴辰文，王庆荣，王婷．计算机网络基础教程［M］．北京：清华大学出版社，2018．

[2] 陈军，孟薇薇．网页设计与制作教程［M］．北京：清华大学出版社，2017．

[3] 陆汉权．计算机科学基础［M］．北京：电子工业出版社，2011．

[4] 方恺晴．计算机硬件技术基础实验教程［M］．北京：清华大学出版社，2017．

[5] 吴宁．大学计算机基础［M］．北京：电子工业出版社，2011．

[6] 程向前．计算机应用技术基础［M］．北京：电子工业出版社，2010．

[7] 杨玉蓓，王继鹏等．大学计算机应用基础和实训教程［M］．北京：电子工业出版社，2017．

[8] 王继鹏，朱思斯等．大学计算机应用基础实验指导［M］．北京：电子工业出版社，2014．

[9] 刘云翔，马智娴等．计算机导论实验指导［M］．北京：清华大学出版社，2017．

[10] 陈长顺，林治等．计算机导论实验指导［M］．北京：清华大学出版社，2010．

[11] 顾刚，程向前．大学计算机基础［M］．第 2 版．北京：高等教育出版社，2011．

[12] 战德臣，孙大烈．大学计算机［M］．北京：高等教育出版社，2009．

[13] 李腊元．计算机应用基础［M］．西安：西北工业大学出版社，2014．

[14] 李珊枝．大学计算机基础［M］．上海：上海交通大学出版社，2017．

[15] 肖川．计算机基础［M］．北京：电子工业出版社，2017．

[16] 张建宏．大学计算机［M］．北京：电子工业出版社，2017．